偽科學
FACT CHECK
謬論

流言、陰謀論、
假資訊、斂財產品...
什麼是Fake？
什麼是Fact？

小肥波 著

目錄

代序

去年書展，小肥波透露他想寫本debunk偽科學的書，剛好筆求人總編Nathan也想出版一本同樣的書，於是我就推薦他們合作。

今年三月，小肥波突然問我可否幫他寫一篇推薦文，我說當然可以。只不過近來教學繁忙，一時忘記了。然後過了deadline又拖了幾日。有日在筆求人WhatsApp群組內，Nathan說起小肥波快出版一本書，我才驚醒「原來係筆求人出？！」

沒有想到只不過大半年的時間，小肥波就能寫成一本25個章節的《Fact Check偽科學謬論》！書中小肥波除了暢談關於偽科學的謬誤之外，更引經據典，從科學文獻中找尋資料，解開我們對有關的科學理論的誤解，幫助我們了解真正科學和偽科學之間的差異。

以這麼短的時間完成一本包含phy、chem、bio、天文、心理的科普書，你就知道小肥波功力深厚！用讀一本書我時間就得到小肥波辛苦學習的知識，作為讀者我簡直覺得有點不好意思⋯⋯

總而言之，這本《Fact Check偽科學謬論》的內容，無論居家旅行，送禮自用，都絕對是現代人防範偽科學的必備良藥。

馬克斯普朗克地外物理研究所天體物理學博士
余海峯

Chapter 1

科學看陰謀論

5G 電話訊號好危險？

　　小肥波執筆之時，美國交通部與美國聯邦航空管理局擔憂，新一代 5G 流動通訊訊號可能對雷達高度計，以及機艙安全系統等高度敏感的航班電子設備造成干擾危及飛行安全，因此要求該國多個電訊商包括 AT&T 與 Verizon 延遲於多個機場附近提供 5G 服務的時間；電訊商則反駁指現有證據仍不足以證明 5G 訊號會對飛行安全造成威脅，但最終也同意延遲至2022年1月19日後才提供相關通訊服務。[1]

　　當然，5G 的爭議不只於此。更多的人是關心這些較高頻的無線電波會對人體尤其腦部與神經系統造成深遠的影響，香港甚至曾有電視節目不只一次找來住近訊號發射基站的住戶談及問題，住戶更指自己因訊號而有長期頭痛云云。

　　要解開謎團，首先要知何謂 5G。5G 是第五代無線流動通訊技術（5th generation mobile network）的簡稱，其目標是提供高數據速率、節省能源與提高系統容量和大規模裝置連接的通訊網絡。用較為簡單易明的說法就是，5G 比上一代的 4G 資料傳輸速率快100倍（理論上）；5G 所用的無線電波頻譜是過去首四代流動服務所使用的8倍，就等於原本4線的高速公路，變成32條線，可想而知當更多人同一時間使用網絡時，不用再「大塞車」了。

無線電波用於無線通訊已有120年的歷史，而無線電波和光一樣，也是一種電磁波。不過，無線電波的頻率比可見光低得多，因此可「轉彎」在拐角處傳播，甚至穿透建築物，所以適合作為流動通訊的媒介。重點是，由於5G網絡的電磁波頻率較4G高，因此其穿透力較低，需要更密集地站設立訊號發射站。

　　問題來了，這些電波頻率在坊間被妖魔化成「輻射」，並指嚴重影響健康破壞DNA導致各式光怪陸離的癌症，尤其是需要更多訊號發射站去延續5G網絡，這些發射站發出的功率又比正常的多。

「游離輻射」和「非游離輻射」

　　首先要指出，「輻射」其實分為「游離輻射」（ionizing radiation）和「非游離輻射」（non-ionizing radiation）。波長較短、頻率較高的 X 光、伽瑪射線等屬前者，可見光、紅外線以至訊號發射站的電磁波則屬非游離輻射，波長比長頻率較低。其能量不如游離輻高，不能改變 DNA 結構，但不代表完全沒有危險性。

　　低頻電磁輻射的影響，目前我們了解得最為清楚的就是射頻加

熱，譬如接觸高功率發射器或者在其附近逗留都有可能造成嚴重的燒傷——微波爐正是利用這種效應對食物進行加熱的。如果住近發射站的人有出現所謂的問題，理應明顯由「加熱」造成而不是頭痛頭暈等徵狀。

更值得注意的是，電視也是靠無線電波傳播，如果說5G流動網絡發射站會引起頭痛，倒不如說看電視也會造成健康問題。

事實上國際癌症研究機構 (International Agency for Research on Cancer, IARC) 在分析多國數據後，未能見到腦癌或腦相關問題在過去數十年有增幅跡象，在美國甚至是逐漸減少！[2] 雖然，該機構亦有將手機列為「可能引起癌症 (Group 2B)」類別[3]，但這只代表現時未有足夠證據證明手機訊號會致癌，需更多研究證明之。另外，手機可能會引起的其他健康風險，才應被重視，例如影響精子質素、引致男女性受孕機會等 [4] [5]。

香港對於無線電波「輻射」水平的規限是跟從世衛建議的標準（ 每平方米電磁波功率密度400萬-900萬mW ），但偽科學「養生達人」嚴浩之流曾以甚麼甚麼德國標準（ 1,000mW ） 來作對比，指香

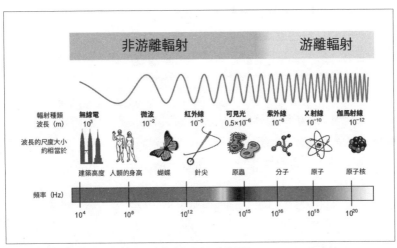

非游離輻射　　　　　　　　　　游離輻射

輻射種類	無線電	微波	紅外線	可見光	紫外線	X射線	伽馬射線
波長 (m)	10^3	10^{-2}	10^{-5}	$0.5×10^{-6}$	10^{-8}	10^{-10}	10^{-12}
波長的尺度大小的相當於	建築高度	人類的身高	蝴蝶	針尖	原蟲	分子	原子	原子核

頻率 (Hz)

10^4　　10^8　　10^{12}　　10^{15}　10^{16}　10^{18}　10^{20}

根據研究顯示，電磁波能量高過可見光的才有致癌風險的證據
Original Image Credit: Nl74, Inductiveload, NASA; Translated by Tonys

港太多「輻射」很危險誤導大眾，但這些人提到的標準並非德國官方標準，而是由德國私人機構 IBN 所建議，毫無權威性可言。

　　更為重要的是，安全標準並非安全和危險之間的確切界限，不等於只要暴露於超過這一強度的電磁波就必定會對健康造成危險，而是

人體健康可能的風險隨着暴露強度增大逐漸增加。這也許亦是中國標準（10萬mW）較香港嚴謹的原因——低過10萬mW可以肯定是沒有風險，但不代表大陸的訊號就沒有超標（正如香港空氣質素經常超標，道理是一樣的）。

　　至於很多住近發射站的長者有長期頭痛，我們從媒體的報道或電視節目中，根本無法得知他們是否有其他暗病引致頭痛。再者，他們的頭痛很大機會是心理影響生理所致，這需要更深入調查才可下定論。那位在電視上「表演」使用測試儀器的專家只是家庭服務公司的員工，有實質專業資格嗎？我怕只是販賣恐懼的下流商人而已。

腦癌個案無增多

　　事實上，香港癌症資料統計中心截至2018年的10年數據顯示[6]，腦部及中樞神經系統相關癌症在香港相當罕見，甚至不屬於十大癌症，每年大約有200-220宗新症，病發率十年來平均只為2.7%並無大變，如果電話訊號真的有影響，在2012-13年 4G 開始於香港普及時，理應大幅增加。再看多20年的數據也未有所謂的問題，可見只是嘩眾取寵騙財的說法。

[new product launch 🚀]

全新產品　正式登場！協助　提升生意額以及個人財富豐盛的 Quantum Power　訊息磁貼　終於登陸 New Earth Store ✨

量子力量金錢能量磁片帶有提升金錢、財富、豐盛的訊息，可以配合 Quantum Power「財富與成功」以及「吸引顧客增強銷售」兩種噴霧同時使用～

任何人不論工作模式也適合 🤍 一個人可以同時間使用多個～

個人層面使用:
貼在個人錢包、存摺、賬單、稅單

工作層面使用
電腦、手提電話、其他工作需要電子工具

商業層面使用
收銀機、信用卡機、收銀箱

*** 建議每兩年更換一次 ***

立即訂購 Quantum Power Money Bringer Chip
量子力量金錢信息磁片:

查詢：WhatsApp / Signal +852 5201-7776

我說騙財絕不為過，因為市面上有人嘗試兜售聲稱可以「保護」大家免受 5G 訊號的頸鍊和配飾。不過愛你變成害你，荷蘭核安全和輻射防護管理局（ANVS）2021年12月中已警告[7]，發現10種這類產品具有放射性（radioactive），不斷放出游離輻射。ANVS 列出的10款產品主要來自品牌 Energy Armor 與 Magnetix，有眼罩、手帶與頸鍊。ANVS 敦促民眾不要使用該些產品，24小時長期佩戴會超過荷蘭對皮膚暴露於輻射的嚴格限值，有機會造成實際的身體傷害，例如皮膚變紅；而本身這些含有放射性物質的產品是被法律禁止的，當局已要求賣家停止出售，並會安排回收這些產品。

　　翻查外國媒體報道[8]，2020年5月英國貿易標準局也嘗試停止銷售價值339英鎊的 USB 手指，該手指聲稱可以量子技術提供抗 5G 訊號的「保護」。不過當局當時指這是騙局，該產品只是普通 USB 手指加上一塊所謂的「防輻射貼紙」，而筆者也見過有人在本地兜售這些「防輻射貼紙」（看上圖），至於有幾多人被騙就不得而知了。

註：

1.駐洛杉磯台北經濟文化辦事處經濟組. (12 January 2022). 美國通訊業者同意延遲推出5G服務，以避免航班中斷. 經濟部國際貿易局. Retrieved from https://www.trade.gov.tw/Pages/Detail.aspx?nodeid=45&pid=735664

2.The INTERPHONE Study Group. (2010). Brain tumour risk in relation to mobile telephone use: results of the INTERPHONE international case–control study. International Journal of Epidemiology Volume 39, Issue 3, June 2010, Pages 675–694. Doi: 10.1093/ije/dyq079

3.IARC. (10 December 2021). List of Classifications: Agents classified by the IARC Monographs, Volumes 1–130. WHO. Retrieved from https://monographs.iarc.who.int/list-of-classifications

4.Adams, J.A., Galloway, T.S., Mondal, D. & et al. (2014). Effect of mobile telephones on sperm quality: a systematic review and meta-analysis. Environ Int. 2014 Sep;70:106-12. doi: 10.1016/j.envint.2014.04.015

5.European Parliamentary Research Service. (July 2021). Health impact of 5G. Retrieved from https://www.europarl.europa.eu/RegData/etudes/STUD/2021/690012/EPRS_STU (2021) 690012_EN.pdf

6.香港癌症資料統計中心 - 癌症統計數字查詢系統 - 所有年齡

7.Nieuwsbericht. (16 December 2021). Heeft u een 'Quantum Pendant' (anti-5G) hanger of 'negatief ionen' sieraad of slaapmasker? Leg deze veilig weg. Autoriteit Nucleaire Veiligheid en Stralingsbescherming. Retrieved from Heeft u een 'Quantum Pendant' (anti-5G) hanger of 'negatief ionen' sieraad of slaapmasker? Leg deze veilig weg | Nieuwsbericht | Autoriteit NVS

8.Cellan-Jones, R. (28 May 2020). Trading Standards squad targets anti-5G USB stick. BBC. Retrieved from https://www.bbc.com/news/technology-52810220

家用抗輻射機抗到什麼？

　　5G 的發展，令人更擔心流動網絡訊號如何影響健康，並有更多人推銷「防輻射」產品，上篇就有講過防輻射貼是以「科學」包裝偽科學概念，而本章所說的更是誇張：插電的家用抗輻射機。

　　這部機筆者從灣仔會展的「樂活博覽」裡發現，當中有攤位展示來自德國技術、插濕電即可使用的家用抗輻射機，聲稱有用範圍達30,000呎，保護使用者免受電磁場影響人體生理過程。在會場購買更可獲優惠，兩個家用抗輻射機「只」需6,990港元。

　　該產品介紹有指，許多醫生指出健康問題與電磁輻射之間有潛在的相關性，並引用2002年50個德國醫生發起、聲稱有上千個醫生聯名發表的 Freiburger Appeal 行動10周年呼籲作佐證[1]。不過，根據2009年德國基森大學衛生與環境醫學研究所報告[2]，系統性地審視歐美1993–2005年相關電磁波與阿茲海默症、癡呆、睡眠障礙、耳鳴、腦血管疾病、缺血性心臟病、頭痛與偏頭痛關係的研究，明言自1993年所有該研究考慮的症狀或疾病都無出現「急劇增加」；即使考慮到有限的可比性，在可用數據的情況下，該些疾病也無與時間相關的增加，「當然也無法確定顯著增加」，因此認為該聯署行動對電磁波指控無公共衛生數據的支持。

手機、電腦輻射「極嚴重」？

產品介紹又指，電磁輻射無處不在，手機與電腦發出的電磁輻射量更用紅字加感歎號分別標為9.696mW/m2（微瓦/每平方米）與4.828mW/m2，更引用「德國健康住宅規範 SBM-2008」指，電磁輻射功率密度大於每平方米 1.0 微瓦即屬「極嚴重」情況。

不過該個由德國非牟利教育機構「國際建築生物學與生態研究所」訂下的所謂標準，由1992年首次設下至今從未有一個國家政府採納使用，甚至連為何要設每平方米 1.0 微瓦為對健康有「極嚴重」影響，也未有附上任何實際科學解釋；該機構上載至網上的文件只稱標準為「基於科學研究和文獻以外，以及50年累積的建築生物學經驗和知識。」[3]

另外，香港是利用世衛建議的標準，將電磁輻射規限於每平方米1,000萬微瓦，就算較嚴謹的內地標準即每平方米10萬微瓦，單張所示的都遠遠不觸及任何安全標準紅線。

除了這些聲稱外，該產品介紹又提到根據歐盟資助的 REFLEX 2005 年研究發現，即使手機發出的微波遠低於最高的建議安全水平，也可對 DNA 造成破壞；無線通訊發出的電磁輻射會產生氧化激應和自由基，破壞 DNA 和細胞膜，甚至導致細胞死亡。不過，從該品牌提供的報告鏈結顯示，該份 REFLEX 計劃旗下的報告清楚寫明，實驗只於培殖的人類二倍體纖維母細胞（diploid fibroblasts）與小鼠顆粒細胞（rat granulosa cells）所做，而過去已知不同細胞都對電磁輻射有不同反應，研究也舉例淋巴細胞持續曝露於電磁輻射的實驗中也未見到出現遺傳毒性，因此必須進一步調查細胞類型和電磁輻射劑量的依賴性關係。

　　歐盟在2008年發出的審視意見[4]，則表明REFLEX計劃大多數研究無發現遺傳毒性影響的證據，也幾乎無體外實驗證據表明電磁輻射磁場在低於當時的指引對健康造成影響。

　　同時，歐盟指出雖然純實驗性電磁場進行研究似乎是合適的，但在未來的研究可能需要模擬真實手機使用的模式和訊號強度變化，而通過這種研究方式，可獲得更適合與流行病學研究進行比較的數據。

電磁輻射不會令紅血球黏膿

　　該產品介紹又聲稱，電磁輻射可能會導致紅血球黏膿，用該產品後就可產生靜電場，將體內水分子整齊排列，將電磁輻射直接從皮膚反射，並令原本疊在一起的紅血球，外面帶上負離子，令其不再互相疊起。小肥波不是這方面的專家，就此找來本地血液學家、科普朋友史丹福查個明白，他形容介紹「包裝得幾好」，但解釋正常將血液做抹片測試時，需要先滴血於玻璃片，再用另一張片抹開，紅血球一定由最密到最疏排列，也因此每個抹片都「一定有密同疏的地方」，如果血液中蛋白質含量太高，紅血球黏住的情況會明顯得多。

　　史丹福進一步指，蛋白質太高主要由血液腫瘤引起，例如多發性骨髓瘤與淋巴漿細胞淋巴瘤，這兩種腫瘤會令血液不受控生產球蛋白，另一些常見原因則為懷孕、感染、自身免疫性疾病等，但紅血球黏住情況只比正常高少少。

　　史丹福又表示，令身體水分重新排列並非不可能，但要有超強磁場，磁力共振掃描 (MRI) 的成像原理正是如此，他直言在家居無可能做到類似超強磁場，因為例如 MRI 磁場強得使用的房間都不可以攜帶

任何金屬。

「防輻射最簡單是入較」

對於產品能改變水分子結構，另一位科普朋友港大理學院助理講師余海峯亦表明很想見識一下如何做到，因為水怎樣改變，結構也是兩個氫一個氧原子。他直指，介紹內所指、人體會接收並加強電磁輻射的「人體天線效應」是聞所未聞，而品牌所提供的數據圖錯漏百出：首先不明白為何時間軸如何分成「環境」與「人體天線」兩邊，另外電磁輻射軸中4G為何與手提電話、無線電話會是3個不同類別。他說：「明明三樣都一樣（是無線電磁波）。」

余博士直言，不用大花金錢買這些產品。他說：「要防所謂輻射最簡單就是入較，見到電話收唔到訊號咪肯定無囉。」他又指，COVID-19疫情期間進出公共場所先量體溫的紅外線探熱器，也是使用電磁輻射原理，否則不能射出紅光。

產品介紹中又提到曾做研究分析使用產品後體內電磁輻射量與心血管改善比例。小肥波曾就分析結果向代理負責人、「林肯大學榮譽

人文學博士」陳欣蔚查詢。她承認，分析未有與任何大學合作，只是用稱為 BioScan 的身體檢查系統自行做出。不過，不論是否有使用產品，介紹中標示的個人「輻射水平」，都遠遠低於安全標準。

　　翻查網上有限的資料，BioScan 聲稱是現今最先進及全面的身體檢查系統，透過監測細胞內分子的變化，將數據與正常健康人體標準作比較及進行量化分析，檢測出有否正在發展的機能失調或疾病，無論是心腦血管、消化、循環、免疫、內分泌、神經系統，甚至骨骼的健康狀況都能一一反映，但未有被主流醫學界使用相當令人懷疑。

　　陳小姐又聲稱，國際癌症研究機構有將手機列為「可能引起癌症」（Group 2B）類別，但前文已講過這只代表現時未有足夠證據證明手機訊號會致癌，需更多研究証明之。值得留意的是，泡菜與費拉蘆薈（Aloe vera）葉提萃物，還有超過 65℃ 的熱飲都同屬這一類別。

銜頭認受性被揭虛假

　　事實上陳小姐的博士銜頭疑與2019年被有線節目《刺針》揭發 [5] 無資格頒授學位的機構有關，該所「林肯大學」當時已被美國州政府

申請禁制令禁止再運作，而陳小姐擔任院長的亞洲知識管理學院被指可用約10萬元買博士銜頭，當中更與「林肯大學」有千絲萬縷的關係，重點是陳小姐至今仍在卡片使用博士銜頭。

所以當中的水分有幾多，家用抗輻射機有幾有用看官自行判斷了。

註：

1. Physicians of the Competence Initiative for the Protection of Humanity. (December 2012) . International Doctors´ Appeal 2012 10 Years after the Freiburg Appeal: Radio-frequency Radiation Poses a Health Risk. Physicians Demand Overdue Precaution. Retrieved from http://freiburger-appell-2012.info/media/International_Doctors_Appeal_2012_Nov.pdf

2. Nieden, A.Z., Dietz, C., Eikmann, T. & et al. (2009) . Physicians appeals on the dangers of mobile communication--what is the evidence? Assessment of public health data. Int J Hyg Environ Health. 2009 Nov;212 (6) :576-87. doi: 10.1016/j.ijheh.2009.07.002

3. International Institute for Bau-biologie & Ecology. (n.d.) . Standard of Building Biology Testing Methods. Retrieved from https://buildingbiologyinstitute.org/wp-content/uploads/2019/03/SBM-2008C-v3.6.pdf

4. Diem, E., Schwarz, C., Adlkofer, F. & et al. (2005) . Non-thermal DNA breakage by mobile-phone radiation (1800 MHz) in human fibroblasts and in transformed GFSH-R17 rat granulosa cells in vitro. Mutat Res. 2005 Jun 6;583 (2) :178-83. doi: 10.1016/j.mrgentox.2005.03.006

5. 新聞刺針. (11 October 2019) . 他們的榮譽學位. 有線新聞 CABLE News. Retrieved from https://youtu.be/0-dBAQey8VM

Airpods 好危險？

　　華文媒體亂抄英國小報的陋習仍然不改，製造無名恐慌，亦鬧出笑話。這次是翻譯2019年3月英國《每日郵報》的報道[1]，該報道指蘋果公司 AirPods 等入耳式無線耳機發射出的電磁場會增加致癌、損害生殖系統和遺傳基因等問題，更有多達250名「專家」與醫生聯署，要求聯合國及世衛正視問題云云。

藍牙訊號有幾危險？

　　AirPods 等入耳式無線耳機發射出的非游離輻射，來自手機所發出的藍牙訊號。相對電話發射站又或 WiFi 發出的電磁波，藍牙訊號一定較少。

　　這些非游離輻射釋出的能量，被身體吸收的值則被稱為 specific absorption rate（SAR），根據美國聯邦通信委員會訂立的標準[2]，人類從手提電話吸收的最高安全 SAR 為每公斤 1.6（Watt, 瓦），如超過這數字將不會獲准推出市場。

　　一般藍牙無線耳機的 SAR 則為每公斤 0.001W，根據2016年外媒報道 [3]，第一代 AirPods 最高只可發出10-18毫瓦功率，當中只有

1%能量為電磁輻射。如果學界都認為未有足夠證據證明手機訊號會致癌，AirPods 只發出是手機訊號1,000分之一的輻射，相對下訊號極之微弱，電磁輻射最高功率值也只為幾百毫瓦，如何能說服人會致癌呢？

更重要是，加大無線產品功率，會影響其電池續航力，你想想有哪家廠商會這麼笨，忽略這個其中一個用家關心的問題 (與賣點)，令你更易患癌？

沒錯，聯合國旗下的國際癌症研究機構將低頻電磁輻射列為「可能引起癌症」（Group 2B）類別，但這只代表現時未有足夠證據證明手機訊號會致癌，需更多研究證明之。傳媒直接將之寫為「致癌」是一種過於簡化的誤導說法。

事實上，蘋果公司曾透過《路透社》作出回應，指出[4]：//我們非常重視客戶的健康和安全。我們精心設計所有產品，並對其進行廣泛測試，以確保符合適用的安全要求。

蘋果公司的 AirPods 和其他無線裝置均符合所有適用的無線電輻

射暴露準則和限制。 此外，AirPods 和 AirPods Pro 比適用的無線電輻射暴露限值低兩倍多。//

「專家」證據與來歷

所以，這批聯署專家有甚麼證據，又是甚麼來歷呢？

有理由相信，他們是參考美國國家毒理學計劃以及相關的動物研究。其中2012年一份長達兩年的小鼠研究曾顯示[5]，長期吸收流動裝置發出的訊號，會增加患腦及心臟腫瘤風險。

不過，該研究在當年引起極大爭議，首先是小鼠的結果能否直接套用於人類呢？第二就是，研究所用的訊號，是現今手機所發出的50-100倍，而小鼠整整兩年每日18小時都曝露於這種高強度訊號，人極少長期曝露於這種環境之下，所以負責計劃的美國國立衛生研究院不斷強調，計劃的多個研究根本不可直接參考，或用以得出結論性建議，而研究複雜與技術上具挑戰性，所以需要更多外部專家的審視報告[6]。

美國食物藥物管理局2020年發表的10年無線電輻視研究審視報告，也有涵蓋上述美國國家毒理學計劃的研究，報告最終的結論是這樣的：

//根據本報告中詳細描述的研究，證據不足以支持無線電波輻射暴露與出現腫瘤之間的因果關係。這些研究也缺乏明確的劑量反應關係、缺乏一致的發現或特異性，以及缺乏生物學機制的合理性。// [7]

至於聯署本身，早在2015年出現[8]，但並無特別針對藍牙無線耳機，而是公開呼籲防止非電離電磁場暴露。當中的部分學者、專家來歷相當可疑，他們來自反電磁輻射私人機構（如德國的 Franz Adlkofer、英國的 Michael Bevington），甚至是專營防輻射設備公司（美國的 David Stetzer）；就算是真學者，所謂有出版過相關研究，也無法找到該些論文，例如葡萄牙的 Olga Ameixa 是生態學家，在其個人網站上只列出昆蟲相關的論文；意大利醫生 Michele Casciani 的研究則圍繞管理工作環境如何減少工傷；中國機械工程師 Xin Li 更只發表了一篇機械輪椅研究論文，這些都與輻射有甚麼關係呢？

其實，現時我們使用手機與耳機的習慣，已大大減低了自身的輻射接觸率：我們較常使用耳機接聽電話，而非拿起貼住臉聽電話，我們亦較多以短訊代替打電話。這一切都可抵消所謂的藍牙訊號輻射造成的「傷害」。

亂分享資訊真的隨時害死人，反疫苗就是最好的例子，所以，各位傳媒朋友請不要每遇到「好爆」的新聞就立即要譯作中文，先用腦袋思考一下，然後再去 Fact Check 驗證是否正確，這是很基本但又很重要的一回事。

註：
1.Rahhal, N. (11 March 2019) . Are wireless earbuds dangerous? Experts warn that Apple's AirPods could send an electromagnetic field through your brain - as 250 scientists sign petition to regulate trendy tech. Daily Mail. Retrieved from https://www.dailymail.co.uk/health/article-6796679/Are-AirPods-dangerous-250-scientists-warn-be.html

2.American Cancer Society. (1 June 2020) . Cellular (Cell) Phone. Retrieved from https://www.cancer.org/cancer/cancer-causes/radiation-exposure/cellular-phones.html

3.Healy, M. (9 September 2016) . No, Apple's new AirPods won't give you cancer, experts say. LA Times. Retrieved from https://phys.org/news/2016-09-apple-airpods-wont-cancer-experts.html

4.Reuters Face Check. (1 July 2021) . Fact Check - No established evidence that Apple AirPods harm your health. Reuters. Retrieved from https://www.reuters.com/article/factcheck-health-airpods-idUSL2N2OD0WO

5.National Toxicology Program. (2018) . Toxicology and carcinogenesis studies in Sprague Dawley (Hsd:Sprague Dawley SD) rats exposed to whole-body radio frequency radiation at a frequency (900 MHz) and modulations (GSM and CDMA) used by cell phones. Natl Toxicol Program Tech Rep Ser. 2018 Nov; (595) :NTP-TR-595. doi: 10.22427/NTP-TR-595

6.NIH. (2 February 2018) . High Exposure to Radiofrequency Radiation Linked to Tumor Activity in Male Rats. Retrieved from https://www.niehs.nih.gov/news/newsroom/releases/2018/february2/index.cfm

7.FDA. (2020) . Review of Published Literature between 2008 and 2018 of Relevance to Radiofrequency Radiation and Cancer. Retrieved from https://www.fda.gov/media/135043/download

8.Redazione, L. (2015) . International Appeal: Scientists call for protection from non-ionizing electromagnetic field exposure. Eur J Oncol Environ Health . 2015 Dec. 20;20 (3/4) :180-2. Retrieved from: https://www.mattioli1885journals.com/index.php/EJOEH/article/view/4971

量子騙局

這些年來騙案不斷，每隔一陣子就重新包裝出現，但萬變不離其宗都是騙財，量子騙局亦如是。以量子檢測儀來進行健康檢查，推銷相關健康產品或是療程，並非新奇事，已有超過20年歷史。

要解構騙案，首先要知道量子是甚麼。量子一詞來自拉丁語 quantum，意為「有多少」，代表「相當數量的某物質」，最簡單的意思就是「不可分割的能量包裹」。

然而，要實際解釋量子理論，不如看看著名美國理論物理學家費曼（Richard P. Feynman）怎樣說：

//I think I can safely say that nobody understands quantum mechanics.// [1]

所以誰聲稱能夠運用量子理論去醫病或作出任何治療，應早已在科學界有頭有臉，甚至是諾貝爾獎得主。

量子治療據稱混合量子力學、心理學、哲學和神經生理學。量子治療的倡導者斷言，量子現象支配著人類健康和福祉。發展至今已有

許多不同的版本與派系，總之會涉及各種量子概念，包括波粒二象性，亦會用上「能量」和振動等等。

那量子治療到底是何方神聖創立呢？量子治療在1989年首度於美籍印裔內科醫生 Deepak Chopra 於其著作《量子治療》提出。他認為，一個人可以達致「完全健康」，即一種「永遠無病無痛」和「不會衰老或死亡」的狀態。Chopra 又將人體視為由能量和信息構成的「量子機械體」支撐，而人的衰老是「流動多變；可以加減速、停止，甚至逆轉」全都在乎一個人的心態[2]。他亦聲稱量子治療也可以治療癌症等疾病。聽起上來的確似神棍。

這種另類療法都被不同歐美媒體批評為「散佈著科學術語的胡說八道」[3]，令真正理解物理學的人「發瘋」，甚至是「重新定義『錯誤』」[4]。

科學界亦普遍認為說法荒謬，因為 Chopra 對現代物理學有系統性誤解，特別是宏觀物體如人體或單個細胞體積太大而無法表現出量子特性。

英國著名科普作家、曼徹斯特大學粒子物理學教授 Brian Cox 早在2012年亦已於《華爾街日報》撰文批評，「量子」一詞被人濫用，例如量子治療，並會對社會產生負面影響，因為做法破壞了真正的科學，阻礙人接觸傳統醫學。他指出：「不幸的是，科學思想往往與流行文化的融合時遭到歪曲和盜用，這對於一些科學家來說，是一個無法接受的代價。」[5]

量子檢測儀

至於量子檢測儀則是另一個故事。量子檢測儀在淘寶多的是，平至數百元港幣也有，基本上你想得出的健康檢查，例如骨質密度、大腸狀況等，只要用手貼住感應器，都斷言可以檢測到，非常厲害。

真的甚麼奇難雜症都可以測出？地球還需要醫生嗎？且慢，有否發覺這種儀器很像計 BMI 的體脂磅重機呢？沒錯，量子分析儀是假扮生物電阻法（Bioelectrical Impedance Analysis, BIA），利用身體組成、電流通過之阻力不同而測到想要的東西。但早有人踢爆（更爆的是由央視節目踢爆）輸入儀器的個人資料才是重點[6]，令受測者誤以為自己真的健康很有問題。

更好笑的是，所謂量子分析健康儀器多年前已在美國出現。最初的量子檢測儀由現逃至匈牙利的美國發明家 William Nelson 於1980年代後期「研發」，該款稱為 EPFX 的檢測儀價值2萬美元，揚言可診斷並消滅包括癌症與愛滋病的絕症，原理是讀取身體對各種頻率的反應，然後發回其他頻率以使身體發生變化。Nelson 於1992年已被美國食品藥物管理局（FDA）命令停止聲稱 EPFX 可以診斷或治癒疾病，但他未有理會。最終在2009年被 FDA 禁止其製造、分銷和使用。因為其聲稱與效用不符。香港遲十年才出現，真的遠遠落後於世界。

據《西雅圖泰晤士報》報道[7]，直至2009年被禁前，EPFX 於美國售出超過1萬部，並由醫生、脊醫、護士和數以千計的無證醫療服務提供者推銷，形式也相當似層壓式推銷。美國聯邦機構更指類似的量子或能量治療儀器多不勝數，EPFX 只是其中一款而已，很多也是展覽常客。

想要健康，小肥波過去已說過無數次飲食比運動更為重要，與其信這些偽科學儀器，還不如吃少一點。

註:

1.Carrol, S. (7 September 2019). Even Physicists Don't Understand Quantum Mechanics. The New York Times. Retrieved from https://www.nytimes.com/2019/09/07/opinion/sunday/quantum-physics.html

2.Chopra, D. (1997). Ageless Body, Timeless Mind: The Quantum Alternative to Growing Old. Random House. p. 6

3.Strauss, V. (15 May 2015). Scientist: Why Deepak Chopra is driving me crazy. The Washington Post. Retrieved from https://www.washingtonpost.com/news/answer-sheet/wp/2015/05/15/scientist-why-deepak-chopra-is-driving-me-crazy/

4.Plait, P. (1 December 2019). Deepak Chopra: redefining "wrong". Slate. Retrieved from https://slate.com/technology/2009/12/deepak-chopra-redefining-wrong.html

5.Cox, B. (20 February 2012). Why Quantum Theory is So Misunderstood. The Wall Street Journal. Retrieved from https://www.wsj.com/articles/BL-SEB-69030

6.Neuroskeptic. (31 January 2015). Does Quantum Resonance Spectrometry Work?. Discover Magazine. Retrieved from https://www.discovermagazine.com/the-sciences/does-quantum-resonance-spectrometry-work#.WVYR_9OGO_s

7.Willmsen, C. & Berens, M.J. (18 November 2007). How one man's invention is part of a growing worldwide scam that snares the desperately ill. The Seatlle Times. Retrieved from https://www.seattletimes.com/seattle-news/how-one-mans-invention-is-part-of-a-growing-worldwide-scam-that-snares-the-desperately-ill/

動物傳心術運用了量子理論？

　　動物傳心術近年越來越普及，媒體也有多次報道。不過最引起大眾注意與迴響的，肯定是有線新聞於2017年的《新聞刺針》測試[1]。記者將走失的寵物龜「布歐」的照片傳給香港5位動物傳心師，讓他們感應一下布歐為何離家出走。

　　5人當然有不同的答案，例如布歐很有抱負要去大自然闖闖，亦有人指布歐很驚慌，躲在比較黑和潮濕的地方，但無一位傳心師知道布歐只是一隻價值人民幣22元的國產膠龜。其中一位叫Thomas的傳心師，在記者公開布歐身份時，拿著膠龜啞口無言的畫面更是網絡經典。

　　更重要的是，這位Thomas是香港動物傳心協會（Institute of Scientific Animal Communication）的創辦人，換言之他教出來的學生好明顯也與他一樣，無法靠相片，或網絡診斷就可與寵物溝通。

Thomas在《新聞刺針》中宣稱是以「量子物理」來跟動物傳心，指動物及傳心師各有一排互相糾結的粒子，人類方的粒子改變時動物方同時改變。至於動物及傳心師如何測量這些粒子的狀態、素未謀面如何出現「量子糾纏」現象、糾結的粒子理論上無法傳遞訊息等問題，Thomas 自然無法解答——不要忘記此前講「量子分析體重」的一章已證明人類無太多實際應用量子理論的方法，很多時也只是某些有心機的人，以科學包裝偽科學、企圖營造高深莫測的印象。

　　事實上，2000年代初西方國家已有人質疑動物傳心術的真偽。科普雜誌 Skeptical Inquirer 的調查員 Joe Nickell 提出傳心師所用的 5 個冷讀（cold reading）技巧，解釋到為何這麼多寵物通靈者「似乎」能與動物交流[2]：

1. **注意明顯支節。**
2. **做出安全的陳述。**
3. **不斷問問題。**
4. **提供可套用到大多數人的模糊陳述。**
5. **將信息歸咎於寵物自身。**

再者，所有傳心師的聲明是由寵物主人而不是寵物自己「驗證」的，所以只要主人信的話，寵物自己無從提出異議反對。

冷讀法是一種用來說服其他人，使用者知道很多潛在資訊的手法。一個有經驗的冷讀者可以單從人的肢體語言、衣著、髮型、性別、性取向、宗教信仰、膚色或種族、教育程度等基本資料獲取大量個人訊息。冷讀者亦會依賴對社會百態的經驗與觀察，快速從人的反應分析猜測是否正確，在冷讀期間不斷修正自己的預測，從而令人覺得冷讀者有通靈、看透人心的能力。

澳洲語言學作家 Karen Stollznow 2009 年也於 Skeptical Inquirer 撰文，指自己用鄰居一隻名叫 Jed 的貓親身測試了一個傳心師[3]，該傳心師對 Jed 的年齡、出生地、背景、行為、健康狀況的解讀，與實際無一正確，亦無法判斷出 Jed 其實不是她養的貓。Stollznow 總結時更直言：「語言是特定於人類之間中使用。我們不知道，也不能知道動物的想法。」

動物傳心固然無傳心師聲稱的科學理論基礎，他們也理應提出大量確實的證據證明自己的理論有可重覆的實驗驗證真確，無論是解釋

「量子」也好、「能量場」也好，而非用案例「證明」自己的傳心術能有效地與動物溝通，尤其這些成功溝通的案例，很多時是傳心師答案模稜兩可，再由主人的補充與回想製造出來，一點也不科學，而類似的情況也與星座、風水命理相似。

較為著名的傳心師會出書分享經驗，又或舉辦研討會上教授傳心大法，但這些只是帶來人氣，並不能證明他們確實可以做到與動物溝通。

或如《新聞刺針》影片最後港大物理系教授周海峰所言，如果動物傳心師真的成功做到實驗證明，都應該去國防部協助發展量子加密通訊了。

當然《新聞刺針》之後，動物傳心師未有在香港消失，更有人反駁指動物傳心溝通並非一個科學論證真偽議題，而是「道德倫理命題，要人多加思考如何愛育蒼生」[4]，亦有人表示問踢爆此事有何新聞價值？不明白「動物傳心師涉嫌招搖撞騙」何以觸動那麼多人的神經，引發大規模「煞有介事」的討論[5]，而不去踢爆風水術數神棍。

這些轉移視線的說法忘記了最根本的問題，就是動物傳心術是騙人的技倆，不單破壞人與人之間的信任，同時破壞了人對「科學」二字的信心。我們應好好記住，現代社會文明科技與發展，都是來自真正的科研，當中的發展行了很多歪路、冤枉路，但至少我們能知道地震出現，不是人類觸怒到神靈，而是地殼板塊的活動造成，不再盲目迷信或作出人祭此類不文明的活動。

　　另一方面，質疑動物傳心師並非不愛護或善待動物，相反就是因為愛牠們，才應自己更用心照顧、關懷毛孩，不要假手於人。記住，時刻提醒自己保持質疑的心態，免被欺騙金錢與感情。

註：

1. 新聞刺針. (10 July 2017). 動物傳心得唔得?. 有線新聞 CABLE News. Retrieved from https://www.facebook.com/news.lancet/videos/762391987267178/

2. Nickell, J. (November/December 2002). Investigative Files: Psychic Pets and Pet Psychics. Skeptical Inquirer Vol 26, No.6. Retrieved from https://skepticalinquirer.org/2002/11/psychic-pets-and-pet-psychics/

3. Stollznow, K. (1 March 2009). The Ballad of Jed (and the Pet Psychic). Skeptical Inquirer Vol 19.1. Retrieved from https://skepticalinquirer.org/newsletter/ballad-of-jed-and-the-pet-psychic/

4. 陳嘉銘. (16 July 2017). 踢爆動物傳心事件，向我們傳達什麼？. 明報. Retrieved from http://hkanimalpolicy.blogspot.com/2017/07/blog-post_17.html

5. 麥志豪. (18 July 2017).〈人面獸心〉拜神的記者信不信動物傳心術. Now 新聞. Retrieved from https://news.now.com/home/life/player?newsId=228830

地平說為何冤魂不散？

　　在網絡上散佈的所有陰謀論中，地平說很可能是最奇怪的。畢竟，古希臘人在公元前三世紀就弄清楚地球的形狀，甚至其周長（雖然不準確，但亦不遠矣）。

　　然而，成立於1956年、由英國人 Samuel Shenton 創立的國際地平說學會，近年卻莫名其妙地吸引到新一批現代地平說追隨者，尤其是在美國。這些「信徒」聲稱地球是個扁平的圓盤，而證明地球是圓形的證據，例如從太空拍攝的照片，是多國政府精心策劃的騙局。不過，對於平坦的地球究竟是如何運作，各「信徒」都有不同看法，總之他們總有自己對太陽系和物理學的極具創意解釋，理論怎樣也會奏效。

　　美國民主派民調公司「公共政策民意調查」2017年的一項全國民調發現[1]，其實只有1%美國人認為地球是平的，6%的人對地球形狀表示不確定；民調又顯示，不論是特朗普選民、克林頓選民和第三方選民都有人信「地平說」，當中的差異都在民意調查的3.2%誤差範圍內。換言之，無證據表明，政治取向會左右一個人是否較傾向信地平說，也沒有共和黨人較蠢的證據。

事實上，地平說信徒絕大部分都相信更多的陰謀論，認為所有政客都是演員，亦有隱藏勢力(影子政府)操控全球運作。他們亦偶然得到名人的支持，例如2016年1月，美國說唱歌手 B.o.B. 在與著名天體物理學家 Neil deGrasse Tyson 於 Twitter 爭論地平說問題後，發表了 Flatline 一曲；到2017年，沉迷新紀元運動（New Age）的 NBA 球星 Kyrie Irving 公開指自己做了很多研究，發現有證據指向地球可能是平的，引來猛烈批評[2]。他後來道歉並解釋，只是想打開這個討論，希望找到更多證據確認說法。

值得留意，執筆之時 Irving 至今仍賴理紐約州強制接種 COVID-19 疫苗要求而無法在球隊布魯克林籃網隊主場上陣，他的理由是無人可以被逼對自己身體做任何事，但他重申自己並非反疫苗，亦尊重所有人的選擇，只是希望自己身體自己負責[3]。

古代 vs 現代地平說

古代地平說最早可於古埃及與美索不達米亞觀念中找到，當時的世界被描述成一個漂浮在海洋上的大盤，公元前8世紀古希臘荷馬時代的神話也有類似描述；至於在亞洲，中原人一直對天體有不同看

法，最著名的是蓋天說、渾天說與宣夜說：蓋天說最早在西周時期已經出現，當時認為天尊地卑，天圓地方，認為「天圓如張蓋，地方如棋局」，穹狀的天覆蓋在呈正方形的平直大地上；渾天說則指，天是一個圓球，而不是蓋天說中的半圓，地球在天之中類似於雞蛋黃在雞蛋內部；至於宣夜說則設想宇宙是無限的，天體飄浮在虛空之中，互相遠離，受「氣」的推動而運行，進退不一，並不認為天有某種形狀，沒有「天球」的想法。

經過幾千年演化，地球形狀理論總有些更新。現代地平說認為，地球是一個圓盤，中心是北極圈，而南極洲是一堵高45米的冰牆，圍繞著陸地的邊緣。美國太空總署（NASA）的員工需要保護這堵冰牆，以防止人類爬過冰牆並從圓盤上掉下來。

此外，他們又認為地球的引力是一種幻覺。物體不會向下加速，相反地球圓盤以每秒9.8米的速度向上加速，這是由一種稱為暗能量的神秘力量驅動。不過目前對於愛因斯坦的相對論是否允許地球無限期地向上加速，而地球最終不會超過光速，在不同信徒中仍存在分歧——這個另類世界竟然仍討論相對論，不是有點諷刺嗎？

至於地球圓盤下面是甚麼，對信徒而言是未知數，但普遍人認為它是由「岩石」所組成。當然，信徒之間也有不少爭拗，例如地球圓盤是否靜止不動，甚至陸地並非圓盤而是鑽石形的陸地等等。

　　地平說信徒又如何看待月球等的星體呢？同樣地，沒有一致意見；有些人更認為月球與太陽是球體，在地球平面上方約5,000里外圍繞轉動，如舞台打燈一樣，以24小時的周期內照亮地球這舞台不同部分。至於月食，有些信徒則指這些星體中間一定還有看不見的「反月（antimoon）」遮住月球。

Zetetic 天文觀

　　標準的科學證據難以說服地平說信徒是有原因的：大多地平說理論都遵循 Zetetic 天文觀的思維模式。 該種另類天文觀由 19 世紀的地平說開山大師所開發，極度強調經驗主義和理性主義，並根據經驗得出的數據進行邏輯推論，換言之「我對眼就是證據」是至高無上的規條。

　　在這種觀念底下，地球肯定是平，而 NASA 的「陰謀」、反月等

是環境證據，將地平說更為合理化。不過正如前文所說，地平說信徒在很多問題上都未有一致定論，有些人更其實並不愚蠢或無讀過書，他們可以是工程師，或其他方面的專家，相信 NASA 的數據認定氣候變化嚴重、相信演化論與大部分主流科學的原則，只是地球不是圓的。

例如在 Netflix 2018 年推出的紀錄片《地球不是圓的》（Behind the Curve）就提到有些人本身不信地平說，想入坑反駁他們的理論，但最終變成信徒；亦有信徒會用專業知識，製作工具進行實驗嘗試證明地平說，即使結果不如所想，仍會找方法去解釋實驗的錯誤，地平說在他們心中依然不能動搖。

事實上，我們有很多方法可以知道藍星是圓的。最簡單就是看 NASA 的圖庫，找出國際太空站的地球「大頭相」，如果你不信可以再看看日本、中國與俄羅斯等各國在太空拍得的地球，同樣也是圓的。

就當是各國不理政治，同心維持「地圓」這個陰謀好了。你也可以用雙眼留意碼頭船隻駛離港口的情況，船會不斷變小，並消失在地平線上！

如果你不信現代證據，不如回看文獻。古希臘哲學家早已根據不少觀察發現地球是圓的，第一是北半球和南半球夜晚看到的星星並不一樣；另一個是月食期間地球在月球表面造成的陰影是彎曲的。

古希臘人甚至想出如何用一支棍和陽光來計算地球的近似周長。通過同一時間測量兩個已知距離的不同城市，太陽在一天造成的陰影角度，能夠計算出地球的周長在38,600–46,670公里之間，數字不算正確但也與實際上的40,075公里不遠矣；太陽的角度在地球的不同部分而不同，這也間接代表地球是圓而非一塊平板。

為何被陰謀論吸引？

地平說跟其他陰謀論例如911恐襲是政府策劃的陰謀等，看似不可思議以及難以想像，但仍有一些人很易被說服相信，某程度上是因為這些另類理論提供一個更簡單 (同時很模糊) 的解釋，令不會深入調查細節的人很易理解這些理論，從而變成信徒；這些人也相當有影響力，在坊間不斷將「事實」口耳相傳，再添加自己的見解，形成很多難以查證考究的說法。

香港 Factcheck Lab 執行編輯、科普朋友 Kayue 曾在2018年提過 [4]，心態也很重要。他發現，部分地平說信徒害怕的是「人類的存在沒有意義」。他舉例2017年美藉記者 Rajiv Golla 曾出席北卡羅萊納州舉行的「地平說國際會議」，信徒認為地球上有一小撮精英「散播謊言」，「欺騙」大眾地球是圓的，並只是浩瀚宇宙中數十億行星之一(問題是為何要欺騙呢？)。對地平說信徒而言，人類重獲自我身份及自由的方法，是推翻所有權威、重新確立地球以及人類是宇宙中心的想法。

另一個例子是雜誌《Vice》曾經訪問地平說信徒 Nathan Oakley，他在十條問題中的最後一條，即「地球是平抑或圓真的重要嗎？」，Oakley認為是「絕對重要」，因為這關乎我們生存狀態、存在的根本；假如接受「說謊者」是對的 (即接受地球是圓的)，那人類包括他自己便是「絕對及完全微不足道」，是「擴展至無限虛無空間、虛無混沌中的一鈍灰塵 (a speck of dust in a soup of nothing expanding into a massive infinite space of nothingness)」。

再從「生存意義」引申，其實很多信徒內心是渴進身份認同，希望有人同聲同氣。這其實與信仰，甚至是種族主義很類似，極端者更

會對非我者進行激烈的反駁，直至那人臣服，也是我們很常在網上見到的情況。

科學史上出現不少起初看來違反直覺的理論，正因為科學家致力進一步了解世界，才能夠發現真相，使人類不受表象誤導。不過，地平說是走回頭路。他們可能懂得一些科學手法，但不似真正的科學家，能夠按證據改變信念，又或接受自己可能犯錯，退後一步看問題，找出更合理可信的解釋而不鑽牛角尖。

雖然地平說的回歸既愚蠢又令人擔憂，但同時也說明了一些關於人類知識的嚴重問題。畢竟，你我怎麼知道地球真的是圓呢？從本質上而言，我們只是選擇「相信」；可能我們經歷過一些現象，又或我們接受專家的解釋，然後繼續我們的生活。

不過，凡事也有兩面，地平說的復興也催生了許多利用數學、科學和日常經驗來解釋為何世界實際上是圓的 Facebook 專頁、打假網頁，這是公共教育界的福音；對陰謀論保持較為健康、開放的態度可能是許多誠實、用腦的調查之基礎。

註：

1. Public Policy Polling. (24 February 2017) . Trump Badly Losing His Fights With Media. Retrieved from
   https://www.publicpolicypolling.com/wp-content/uploads/2017/09/PPP_Release_National_22417.pdf

2. Chiari,M. (2 November 2017) . Kyrie Irving Explains Flat Earth Stance, Says There Is No Real Picture of Planet. The Bleacher Report. Retrieved from https://bleacherreport.com/articles/2741935-kyrie-irving-explains-flat-earth-stance-says-there-is-no-real-picture-of-earth

3. Beer,T. (14 October 2021) .Kyrie Irving Confirms He's Unvaccinated And Explains Why He Has Refused The Shot. Forbes. Retrieved from
   https://www.forbes.com/sites/tommybeer/2021/10/14/kyrie-irving-confirms-hes-unvaccinated-and-explains-why-he-has-refused-the-shot/?sh=14c6455bf9c8

4. Kayue. (4 Jan 2018) .為何他們相信地球是平的？原來是害怕自己沒有意義.
   The Newslens. Retrieved from https://www.thenewslens.com/article/86907/fullpage

5. Vice. (5 July 2017) .10 Questions You Always Wanted to Ask: Flat Earther. Retrieved from https://video.vice.com/en_uk/video/10-questions-youve-always-wanted-to-ask-flat-earther/595b9e47d978e31b73496a2e

Chapter 2

飲食科學流言

味精會損害神經？

有時候你會見到一些食肆表明自己無添加味精，這看似更健康，但不講不知這些標籤背後既不科學，亦有歧視亞洲人的成分。

味精學名是谷氨酸鈉（monosodium glutamate, MSG），主要由鈉（sodium）與谷氨酸（glutamic acid）組成，前者是食鹽的主要成分，後者是種人體非必需的胺基酸，能組成人體有用的蛋白質。日常食物中如蕃茄、核桃、豆類、菇類均含谷氨酸，根據美國食品及藥物管理局（FDA），正常成人每日吸收約13克谷氨酸，當中只有0.55克來自味精。

其實 MSG 是天然存在之物，由日本東京帝國大學化學教授池田菊苗在1908年發現，當時他研究海帶的「鮮」味（umami）來源，確定是由 MSG 造成。其後他取得製造 MSG 的專利，成立「味之素」公司，並在1909年成功研發大規模製造 MSG。MSG 的廣泛應用，也使池田菊苗成為國內外家傳戶曉的科學家。

大家食了味精幾十年一直相安無事——直至60年代尾味精損害神經一說開始興起。

郭浩民的信

當年，美國華裔醫生郭浩民（Dr. Ho Man Kwok）向《新英格蘭醫學雜誌》（NEJM）投稿一篇信件(不是研究論文，詳看下圖)，指自己來到美國後，每次享用美式中菜後就出現過敏癥狀並稱之為「中菜館綜合症」，他提出疑問：究竟是當中的酒精、香料還是味精所引起？

他在短文結尾指出，很大機會是美式中菜含極高鈉（暗指味精是幫兇）引起過敏，但由於沒有足夠人手，無法進行研究，希望有其他醫生能徹底調查。

結果這篇文章引來很多讀者投稿，宣稱自己同樣吃完中菜後全身發熱而且頭痛。其後，更有位名叫 John Olney 的學者在《科學》發表報告[1]，指味精確實導致新生老鼠敏感，成年後這些曾接受治療的老鼠表現出骨骼發育遲緩、明顯肥胖和雌性不育，令「味精有害」一說更囂塵上。

不過，這位人兄是將味精打在老鼠皮膚之下引致敏感情況，人

又怎會以皮膚進食呢？再者，John Olney 也沒有在報告之中提過味精會影響腦部，相信是有人以訛傳訛，這種錯誤的資訊竟流傳50多年之久，實屬悲哀。

而科學界一直以來也對味精進行全面的分析，不單發現味精與這些敏感情況無關係[2]，更發現自以為有「中菜館綜合症」而導致哮喘的病人，其實只是心理作崇[3]，根本對味精並無敏感[4]。所以，味精根本不邪惡，也不會令你變成「低能兒」。

現為紐約柯爾蓋特大學（Colgate University）寫作與修辭學助理教授的 Jennifer LeMesurier 在2013年首次留意到郭浩民的信，當時他與丈夫在看一個飲食節目，提到 MSG 可安全食用，而爭議源於一封信。當時仍為華盛頓大學研究生的她感到非常不可思議，不相信 NEJM 小小的一封信有如此大的威力，結果第二天她回大學的醫學圖書館調查信件與後續的回應，她翻閱 NEJM 刊出信件後的數期，有一連串其他信件，部分更以詩的形式回應，總之一是詳細描述了作者自己吃中式食品後的不幸遭遇，一是嘲笑了整個「中菜館綜合症」想法。無論如何，LeMesurier 都發現這兩類型的信件都有一個共同點，就是暗藏一種令人不安的種族

主義，似乎將假定的影響歸咎於中式甚至亞洲食物的味道，而不是化學物質本身。有亞裔血統的 LeMesurier 更對柯爾蓋特大學雜誌專訪時指[5]，曾期望醫生在期刊中的交流會非常具臨床見解，但見到的是很快變成了種族辱罵。

部分回應例子[6]是這樣的：

//My thanks to this great periodical
For its studies on food so methodical.
Now my clams are full steamed,
And my Chinese Food screened.
And my appetite, oh well, much less prodigal//

//... And Two from Column B
or
Yee Hong Guey Again An Hour Later
Mourn, Sweet and Sour, your lost charisma
'Midst painful jaw and flushed platysma

Of etiology once inscrutable
Your syndrome now is irrefutable
(Not mushrooms, nor tetrodoxin –
No more than bagels with their lox in.)
Great havoc does your whim create
With excess sodium glutamate
Your gustation's ginger-peachy
Though less digestible than the lichee
What allergen – some vile miasma?
I'd sooner you than bronchial asthma.//

「嘅妹，我就是郭浩民」

在2017年刊出的論文中，LeMesurier 指出因為種族主義而對味精的不信任，當年透過媒體渲染而出現雪球效應，令部分民眾對這種調味料的歇斯底里情緒一直持續到今天。當 LeMesurier 撰寫其論文時，她亦無意中找到一個同名的「郭浩民醫生」，但那人已於2014年去世，她合乎邏輯地認為這人是最初的信件作者，她亦對信件真確性深信不疑，直到 2018年1月。

LeMesurier 當時收到電話錄音留言，該人自稱是1942年柯爾蓋特大學校友兼前受託人 Howard Steel。這位人兄最後留言：「嘟妹，我有個驚喜給你。我就是郭浩民醫生。」

　　後來 LeMesurier 聯絡到 Steel，後者向她道出當年事件的來龍去脈。

　　那封信是個賭注。1968年，Steel 還是一個年輕整形外科醫生和費城天普大學的教授。他的醫生朋友 Bill Hanson 常常嘲笑 Steel 的專業，稱整形外科醫生太蠢，無法在 NEJM 等著名期刊上發表文章，他賭10美元 Steel 無辦法做到這件事。Steel 形容這是對其專業的「威脅」，同時他亦想賺點外快，因此欣然一接受對賭。

　　當時，二人每週都會去一次叫 Jack Louie 的中餐館聚會，喝太多啤酒，吃得太多，事後總是感覺不舒服。在其中一次之後，Steel 靈機一觸，決定將這經驗寫起來投至 NEJM。他當時已考慮到為免行內人過份認真對待文章，加入了一些一看「他們會立即知道是假的東西」。寫完信後，他以 Robert 郭浩民之名作為下款，認為這是個明顯的文字遊戲。

Steel 指出「郭」與英文 Crock 發音相似，而 a crock of shit 則有狗屁、胡說八道之意；如果有人需要進一步證明這封信是惡搞，他還編造了一個假醫療機構「馬里蘭州銀泉市國家生物醫學研究基金會」。他說：「這並不存在。」

投稿幾週後，當這封信真以「中菜館綜合症」為題發表時，Steel 得意洋洋，趕緊去討債。而為了避免有人認為這種現象是真實的，Steel 也聯絡了 NEJM 負責處理來信的編輯，表明信的內容是「巨大謊言」，但一直沒有回音。

他此後再打電話給雜誌的另一編輯兼兒時好友 Franz Ingelfinger，告訴他信是一堆垃圾，都是假的，都是編造的，後者竟也直接掛斷電話。Steel 對此表示驚訝。Steel 帶著又想嘲弄和又恐懼的矛盾心情看著 MSG 爭議的展開，他後來也堅持打電話給出版社但也無回覆。

NEJM 的發言人2019年向柯爾蓋特大學雜誌表示，無法確認會否考慮撤回信件，因為畢竟過了50年，無法評論或推測其出版，或者確認當時有人拒絕撤回該信。

LeMesurier 進行研究時，也發現到 NEJM 傳統上也會刊出一些以醫學術語來取笑常見問題的信件。然而，關於「中菜館綜合症」的信件似乎有所不同。他們沒有關注所謂的疾病症狀，而是越來越關注「中菜館綜合症」與中國食物有關的事實。有些人顯然在開玩笑，而另一些則不然。

　　雖然 LeMesurier 並不認為全部人都是明顯的種族主義者，但他們都正在接受亞裔美國人文化的刻板印象，認為亞洲文化有異國情調和陌生的。他們把郭和味精當作所有關於中國身份的愚蠢、輕浮和危險的稻草人。

　　LeMesurier 認為這源於當時美國人對中國甚至亞洲食物的不信任。自從1800年代中期中國移民首次集體出現在美國以來，媒體一直在嘲笑他們的食物。19世紀的漫畫描繪了中國人會吃老鼠，那個時期的許多作者同樣將中國食物描述為骯髒或不潔，而在 NEJM 的回應也用上了這些比喻。不管寫信者的自我意識如何，主流媒體都完全忽略了這些笑點，直接報道了有「中菜館綜合症」。

諷刺的是， Steel 到享年96歲時仍未收到當年的10美元，玩笑開太大又無錢收真的得不償失。

註：

1.Olney, J.W. (1969) . Brain lesions, obesity, and other disturbances in mice treated with monosodium glutamate. Science. 1969 May 9;164 (3880) :719-21. doi: 10.1126/science.164.3880.719

2.Tarasoff, L. & Kelly, M.F. (1993) . Monosodium L-glutamate: A double-blind study and review. Food and Chemical Toxicology Volume 31, Issue 12, December 1993, Pages 1019-1035. Doi: 10.1016/0278-6915 (93) 90012-N

3.Woessner, K.M., Simon, R.A. & Stevenson, D.D. (1999) . Monosodium glutamate sensitivity in asthma. J Allergy Clin Immunol. 1999 Aug;104 (2 Pt 1) :305-10. doi: 10.1016/s0091-6749 (99) 70371-4

4.Geha, R.S., Beiser, A., Ren, C. & et al. (2000) . Multicenter, double-blind, placebo-controlled, multiple-challenge evaluation of reported reactions to monosodium glutamate. Food and Drug Reactions and Anaphylaxis Vol 106, Issue 5, P973-980. Doi: 10.1067/mai.2000.110794

5.Blanding, M. (6 February 2019) . The Strange Case of Dr. Ho Man Kwok. Colgate Magazine. Retrieved from https://news.colgate.edu/magazine/2019/02/06/the-strange-case-of-dr-ho-man-kwok/

6.LeMesurier, J.L. (2017) . Uptaking Race: Genre, MSG, and Chinese Dinner. POROI Vol12 Issue 2. Doi: 10.13008/2151-2957.1253

香口膠留胃 7 年真定假？

想像一下，如果你在2015年不小心吞了一塊香口膠。當時梁振英仍是特首；令荷里活巨星里安納度·狄卡比奧首次奪得奧斯卡最佳男主角獎的《復仇勇者》（The Revenant）也才在當年聖誕節上映。傳言指，當時吞下了口香糖，你的身體經過7年，在2022年終於完成消化。

這是很多人從父母處聽到的都市傳說。那小小的香口膠竟然可在腸胃內不被消化長達7年，但7年後卻突然消化完成，思前想後都找不到任何醫學證據。

首先要說，大多數人在進食後30-120分鐘胃部已完成消化將之清空，其中當然包括香口膠。

香口膠有多種成分，由膠基、香料、軟化劑與色素等組成。糖和薄荷油等調味香料成分很容易分解並很快排出體外，這是容易理解的。同樣，植物油或甘油等軟化劑不會對消化系統造成問題。

能夠承受胃酸和腸道消化酵素的成分是膠基，亦即這個都市傳說的問題所在。因為不似其他蔬果纖維，身體無專門分解膠基的消化酵

素。

傳統上，許多製造商使用「chicle」這種從人心果樹中流出來的汁液來製造香口膠，這是一種原產於墨西哥南部、中美洲和加勒比海的常綠植物。不過在二戰期間美國士兵將香口膠帶到海外後，香口膠在全球各地開始流行起來，人心樹樹液已經跟不上大眾的需求。

今天，大多數口香糖使用其他天然或合成聚合物。美國食品及藥物管理局（FDA）允許使用各種物質，包括用於製造膠手套的丁基橡膠（Butyl rubber）。總之，每個廠商都有自己的膠基配方，旨在獲得旗下香口膠的完美煙韌彈性。

即使膠基不易被分解，這並不代表會在你的腸胃中停留7年。一小塊的香口膠最終會沿著消化道找到光明出口離開身體。事實上直徑小於2厘米的物質、硬幣等異物通常都可以被排出，尤其相比許多其他意外攝入的東西相比，香口膠的優勢在於很柔軟可塑成不同形狀易於排出。

美國著名院校杜克大學的胃腸病學家 Nancy McGreal 也曾指自己擁有10多年的經驗也未於兒童和成人進行的所有內窺鏡檢查中，發現胃內有香口膠殘留。[1]

口香糖可以保持7年的可能性，其中一個是在胃輕癱（gastroparesis）或胃部消化有問題的人身上。當進食時，胃部會蠕動把食物磨碎並推入腸道，這些病人本身的胃部雖然同樣在蠕動，但蠕動速度緩慢，就如平日的觀塘街道塞車被癱瘓般，令消化過程受影響，甚至完全無法吸收營養。所以這些人需要少食多餐、仔細咀嚼後才吞嚥食物，醫生亦會處方抑壓胃酸及幫助胃部蠕動的藥物，或者抗多巴胺類藥物刺激胃部蠕動和幫助食物消化，抑制因過飽造成的噁心和嘔吐。

另外，如果殘留在腸胃道的香口膠數量很大，會出現便秘等症狀很快就會被發現。1998年就有報告記錄了3名幼童因大量吃香口膠的習慣而出現便秘的案例。[2]

首個案例是一個4.5歲的男孩，便秘已經兩年。其家族本身有年幼大便失禁史，但該病徵可透過訓練解決，而這男孩已完成訓練，但

問題出於另一個訓練。原來他的父母為了鼓勵其排便，便提供香口膠作為動力，他更每天吃5-7塊香口膠，而且總是會將之吞下去！在4天的纖維補充劑、油和灌腸劑都無法排出大便後，醫生最終要施手術，從直腸中取出拖肥糖般的香口膠殘留物。雖然這不夠7年，但也確實給男童與整個家庭帶來嚴重問題。

第二個案例亦是約4歲，醫生在該女童直腸發現了一個彩色腫塊，結果又是香口膠。原來香口膠又是一個訓練的獎勵，而女童為了吃更多香口膠，就常常快速將之吞進肚以換得新的獎勵。

最後一個案例則是18個月大的嬰兒。醫生在她的胃裡發現了四枚硬幣和「特殊的黏性蠟狀物質」。事實證明，該嬰兒經常吃香口膠和小硬幣！

所以經常吞下大量香口膠並不是個好主意，但如果你偶爾吃進肚，無證據表明你健康會有大礙。

雖然香口膠要7年消化是都市傳說，但不得不提 DNA 卻可殘留於香口膠上數千年。2019年刊於《通訊生物》的研究指[3]，從3個來自瑞典、有逾8,000年歷史的樺木樹脂樣本上成功抽取有用古人類DNA，其中一位人兄更可能只有5歲。

　　該研究由瑞典烏普薩拉大學考古學系博士生 Natalia Kashuba 領導，團隊所用的樣本，來自1980年代考古團隊於瑞典西部 Husbey Klev 發現的超過 100 塊樺木樹脂，這些樹脂均只有拇指大小、碳黑色、有被燒過痕跡，上面更有齒印。

　　學界相信，樹脂是古人類製作更精巧的工具或武器的「膠水」。他們會從樺樹收集樹脂，然後放進火中燒到變軟，才用來黏合石頭到骨或木上。

　　團隊從多塊樹脂選出三塊，採取微量樣本將之磨碎，其後使用極靈敏的 DNA 放大技術找出當中已高度降解的 DNA，最終成功從全部樣本取得有用的古人類基因。

團隊又從樹脂上的齒印大小及其磨損程度，推算咬過樹脂的都是相當年青的古人類，年齡為5-18歲，並估計來自兩女一男，顯示當時性別、年齡較為平等，所有人都會製作工具。另外，DNA 數據顯示，這些年青古人類，屬現今瑞典、挪威境內活動的斯堪的納維亞中石器時代狩獵採集群族，他們主要以獵殺馴鹿為生。

　　未有參與研究的分子古人類學家 Lisa Matisoo-Smith 當時向《科學》表示，發現令人興奮，但提醒樹脂未被黏合到石或骨上，未必能確認咀嚼過樹脂的就是工具製造者，他們可能只是與現代人一樣喜歡咬香口膠而已。

註：

1.McGreal, N.M. (27 August 2013) . Myth or Fact: It Takes Seven Years to Digest Chewing Gum. Duke Health. Retrieved from https://www.dukehealth.org/blog/myth-or-fact-it-takes-seven-years-digest-chewing-gum

2.Milov, D.E., Andres, J.M. & et al. (1998). Chewing Gum Bezoars of the Gastrointestinal Tract. Pediatrics (1998) 102 (2): e22. doi: 10.1542/peds.102.2.e22

3.Kashuba, N., Kırdök, E., Damlien, H. & et al. (2019). Ancient DNA from mastics solidifies connection between material culture and genetics of mesolithic hunter–gatherers in Scandinavia. Commun Biol 2, 185. Doi: 10.1038/s42003-019-0399-1

一日飲 8 杯水之謎

一直以來，長輩都會教你一日要飲8杯水保持身體健康，而「見字飲水」近年成為香港網絡貼心溫馨提示，發起人因為工作過勞少飲水結果患上腎石，因此明白到飲水的重要性，並推而廣之。除了腎石，飲唔夠水也被指會造成皮膚暗啞乾燥、便秘、增加女性患尿道炎風險等等問題。

少飲水影響健康，但飲太多水也會造成問題。正常少量多餘水分會經腎過濾後排出，但突然異常大量水分灌進身體，腎可能無法即時處理這些水分，從而造成嚴重壓力出現疼痛。在此可以提供一個數字大家參考：成年人功能正常的腎每分鐘只能處理100–120毫升的水分，這個數字當然也要視乎你的身高與體重。[1]

另一方面，太多水會沖淡血液電解質濃度，或會令你出現低血鈉症（Hyponatremia）症狀，又稱水中毒。在臨床上低血鈉症可依神經症狀區分為輕度、中度以及重度：輕度者可能無任何症狀；中度則可能伴隨出現無法思考、頭痛、暈眩以及失去平衡，因為水會令細胞膨漲，當腦部細胞過份膨漲，會對腦部造成一定壓力，壓力一但上升不止就會造成重度病徵，使患者產生癲癇、中風等，嚴重是會致命的。

當然，以上所說的都是不常見情況，但重點是：何謂飲太多、太少或足夠的水？首先要知道，一個人身體的水分所需，主要取決於到底之前失去了多少水分，而這取決於三大因素：

1.體重 ─ 越大份的人越需多水。
2.環境溫度 ─ 當天氣更熱時，人們會排出更汗水增加流失水分。
3.活動水平 ─ 增加運動強度也會增加汗水流失。

　　因此，一日8杯水這種「一刀切」的補水策略，並不適合所有人。例如需要在戶外工作的紮鐵工人，與在辦公室工作的文職人士就有明顯不同的補水。

　　事實上飲 8 杯水保健康的實際起源無從稽考，亦無人講你知每杯究竟即是多少毫升。有學者就指[2]，說法可能是對1945年美國食品和營養委員會每日2公升水分攝取量建議的誤解。不過，該建議所標示的水分攝取量包括來自蔬果以及各式飲料如湯、牛奶、咖啡，甚至是啤酒等含酒精飲品。所以如果你一日三餐有食蔬果飲湯飲果汁，理應不用喝足8杯水。然而值得留意的是，酒精具有利尿性可能會令人更容易有便意啊！換言之，口渴就要喝水，不口渴的話，你不需要每日

有意識地喝8杯水，因為在日常飲食中你會得到所有的水分。

如果根據美國食品和營養委員會建議而飲8杯2公升的水，即每杯是250毫升，但值得留意的是，個個杯容量不同，有的多於250毫升，有的則少過此量，用「杯」作為量詞似乎太不準確了。

飲水其實與全身水分平衡有關，而這種平衡相當複雜。哺乳類動物會透過腎臟進行實時調整來維持這種平衡。每一個腎（一個腎足夠人健康生活，所以點解有賣腎之說！）都有一個秘密的第二型水通道蛋白（Aquaporin-2, AQP-2）水通道網絡[3]，並對抗利尿激素（Arginine Vasopressin, AVP）這種荷爾蒙作出反應，AVP是控制尿排出水量的荷爾蒙，由下丘腦後葉釋放分泌，以響應下丘腦後葉滲透壓感受器發出的神經訊號，這些感受器會檢測體內水分平衡的細微變化。當腎接收到訊號後，會在40秒內進行分子調節，以響應水分平衡的任何紊亂。

這就解釋到為何當我們喝的水比身體需要的多時，我們很快就要排出多餘的水，並在有需要時在水分進入膀胱前重新吸收體內的水分使用。當你跑步做運動時排出大量汗水又無帶水樽時，身體會盡量重

新吸收體內水分，所以相對較不易有便意。另外要記住在炎熱的夏天，出汗造成的水分流失會增加，在戶外活動時要隨身攜帶水樽避免脫水和中暑。

雖然現有的數據表明，每天飲用約2公升水可減少有腎結石病史的人的腎結石形成，並減少有膀胱感染病史者的膀胱感染次數。不過，飲多點水對改變皮膚膚色無明確的科學證據。

多飲幾杯水也對改善腎功能或所謂「排毒」無甚幫助，因為腎1日24小時都可過濾180公升血液，以一個成年人有約5公升血計算，腎每天都會過濾相當於一個人的血液量36次。你喝的任何多餘水分，就如桶中的一滴水，不會對過濾過程造成太大分別。這亦有研究佐證：2018年一份刊於《美國醫學會雜誌》（JAMA）的研究[4]，曾隨機將630多名慢性腎病患者分成多補水組，以及保持目前習慣的對照組，以了解多喝水是否可防止患者的腎功能下降。結果顯示，兩組的腎功能在年後都無顯著差異。

所以多飲水除了令你的尿由黃變透明外，實際上對你的健康無任何醫學影響。

曾有研究指根據2009-2012年全美健康和營養檢查調查的4,134名6-19歲兒童數據[5]，計算出他們的平均尿滲透壓（osmotic pressure），平均尿滲透壓是衡量尿液中可溶性粒子濃度的指標，其變動與體內水分狀態有關；測定尿滲透壓可得悉腎功能及電解質與水分之間的平衡狀態，數值越高代表尿液越濃，數值下降則代表水分攝取過量人或腎功能有問題。

　　該團隊發現超過一半的兒童尿滲透壓為每公斤800mOsm或更高，而每天喝8杯或更多水的兒童尿液滲透壓平均比喝不足這數量水的兒童低8mOsm。

　　不過，印第安納大學醫學院兒科教授Aaron E. Carroll指學界內無人覺得每公斤800mOsm是一個脫水指標，甚至有很多醫學書籍指，尿滲透壓範圍可以是每公斤50-1,200mOsm，而每公斤1,200mOsm的數值仍處於生理正常範圍。他在《紐約時報》的撰文更指，2002年有研究[6]就發現德國男孩的平均尿液滲透壓為每公斤844mOsm，而其他地區例如非洲肯亞與瑞典的的平均尿液滲透壓分別為每公斤392mOsm和964mOsm，顯然只看平均尿滲透壓並非衡量是否脫水的良好指標。

然而，不少研究仍使用每公斤800mOsm作指標稱兒童脫水，例如2012年發表在《營養與代謝年鑑》的研究表明[7]，幾乎三分之二的法國兒童沒有獲得足夠的水。另一篇刊於《公共衛生營養》雜誌的文章[8]則用該數字宣稱洛杉磯和紐約市近三分之二的兒童沒有攝取足夠的水。Carroll指，原來第一個研究由雀巢水公司（Nestlé Waters）資助，第二篇文章則是由雀巢子公司 Nestec 贊助，而雀巢水公司自2008年起已是全球最大的樽裝水品牌企業，當中利益自然不言可喻。

　　總括而言，每個人所需的水量無正式、好「死板」的建議；飲水量顯然因你的年齡、食乜、住邊度、日常活動量而不同，不過生活太累，見字都要記得去飲杯水休息下！

參考：

1. Labos, C. (20 Feb 2019). When Is the Best Time to Drink Water?. Office for Science and Society of University of McGill. Retrieved from https://www.mcgill.ca/oss/article/health/when-best-time-drink-water

2. Valtin, H. & Gorman, S.A. (2002). Drink at least eight glasses of water a day." Really? Is there scientific evidence for "8 × 8"?. American Journal of Physiology-Regulatory, Integrative and Comparative Physiology 2002 283:5, R993-R1004. doi: 10/1152ajpregu.00365.2002

3. Knepper, M.A., Kwon, T.H. & Nielsen, S. (2015). Molecular Physiology of Water Balance. N Engl J Med 2015; 372:1349-1358. DOI: 10.1056/NEJMra1404726

4. Flark, W.F., Sontrop, J.M., Huang, S.H. & et al. (2018). Effect of Coaching to Increase Water Intake on Kidney Function Decline in Adults With Chronic Kidney Disease: The CKD WIT Randomized Clinical Trial. JAMA. 2018;319 (18) :1870-1879. doi: 10.1001/jama.2018.4930

5. Kenney, E.L., Long, M.W., Cradock, A.L. & et al. (2015). Prevalence of Inadequate Hydration Among US Children and Disparities by Gender and Race/Ethnicity: National Health and Nutrition Examination Survey, 2009–2012. AJPH 105, e113_e118. doi: 10.2105/AJPH.2015.302572

6. Manz, F., Wentz, A. & Sichert-Hellert, W. (2002). The most essential nutrient: Defining the adequate intake of water. The Journal of Pediatrics Vol 141 Issue 4, Oct 2002, p. 587-592. doi: 10.1067/mpd.2002.128031

7. Bonnet, F., Lepicard, E.M., Cathrin, L. & et al. (2012). French Children Start Their School Day with a Hydration Deficit. Ann Nutr Metab 2012;60:257–263. doi: 10.1159/000337939

8. Stookey, J.D., Brass, B., Holliday, A. & Arieff, A. (2012). What is the cell hydration status of healthy children in the USA? Preliminary data on urine osmolality and water intake. Public Health Nutrition, 15 (11), 2148-2156. doi:10.1017/S1368980011003648

鹼水健康啲？

好多人都生活緊張食無定時，導致不同程度的胃酸倒流，近年就有商家推出了樽裝鹼性水，更找來註冊營養師講解鹼性水對健康有何好處[1]，以增加可信性。

先說一樣好重要的事：根據水務署的資料[2]，為了避免銅管侵蝕，香港食水全部都在處理廠加入熟石灰，使其 pH 值變成屬於微鹼的8.2-8.8，所以一般人正常已可從自家水喉享用「鹼性水」，毋須透過新產品而變得更健康，又或營養師所說改善便秘、胃酸倒流問題。

「鹼性食物改變體質」、「酸性食物不能多吃」是流傳甚廣的都市健康傳說，甚至有人以此推廣其從未驗證過的治癌療法，後者當然是偽科學騙局，但所謂的酸鹼食物卻是有根據，只不過是被有心人用作推廣自己的理念，最終也是為賺錢的手段。

先解構 pH 值。任何水溶液中都存在氫離子 (H+) 和氫氧根 (OH-) 離子，一個多了另一個就會減少，而 pH 值量度的是溶液中氫離子多少。這個量度標度由丹麥化學家 Søren Sørensen 在1909年提出，正常是以0-14標示，但亦可以小於0，也可以大於15，總之數字越小，等於氫離子濃度增加物質越酸；相反數字越高，氫離子在溶液中減少

物質就越鹼。

　　從理論上說，食物是可以分成酸與鹼性：肉、蛋、米、麵等高蛋白質與澱粉質食物中確實含有較多硫、磷等礦物質，經代謝後會生成酸性物質，而蔬菜、水果、奶等食物中含較多鉀、鈣等礦物質，代謝產物的鹼性較強。然而，身體不同部分、體液的 pH 值也有差異，例如胃酸 pH 值為1，反皮膚為5.5，尿為6.0-6.5，血液7.35-7.45，細胞質7.2，線粒體基質（mitochondria matrix）為8.0。所以人體無一個劃一酸鹼值，如有人提倡你要維持某一特定 pH 值體質，基本上是謊言。

　　我們亦不要忘記，食道 pH 值5-7都屬微酸至中性的。如真的喝一下鹼性水就能解決某些健康問題，不就是令食道 pH 值不平衡嗎？

　　很多「養生達人」都會指體質與血液 pH 值有關，沒錯血液會在身體不停循環，但也是一種緩衝溶液（buffer solution），即能夠在加入一定量其他物質時減緩 pH 改變的溶液。用人話講就是絕不會因為你多吃了「酸性」食物，血液就會變酸，反之亦然。更何況人體所有細胞內的代謝過程都離不開酵素，一旦超出各自的溫度和 pH 值

範圍，酵素的活性會下降，甚至酵素結構會被破壞。舉個例，胃蛋白酶（pepsin）負責將胃中食物的蛋白質剪碎，在中性或鹼性 pH 值的溶液中，其三維結構會瓦解並喪失活性。所以，如果因為一罐汽水，你的體質就變得不穩定或不健康，是很值得被研究的。

根據美國南卡州克萊門森大學整理數個研究的文件[3]，大部分水果均為酸性，例如車厘子（pH3.25-4.54，視乎產地），只有一些較甜水果如熟的芒果、哈蜜瓜 pH 值較高，即所謂的「健康」鹼性食物，所以以偏概全地說「帶酸味的食物如橙等的水果，都屬鹼性食物」絕對是錯的，這位註冊營養師的化學知識，我很有保留。另外，經常說好健康的藍莓 pH 值「只有」3.11-3.33，根據這位營養師是否不宜進食太多呢？當然，這不等於我同意坊間所說藍莓的護眼、抗氧化好處，只是道出整個廣告的聲稱相當奇怪。

其實，早有大型審視研究顯示[4]，現時無實際科學證據證明或否定，鹼性飲食特別對健康有好處；多吃鹼性食物不會治療包括癌症的頑疾，表明商家又或任何人士向公眾宣傳鹼性飲食和飲用鹼性水，可預防或治療癌症是不恰當。當然，由於蔬菜類普遍都是鹼性食物，多吃確是有益身體，但宣傳食菜就好，何必用「鹼性食物」這個偽科學

術語呢？

　　長久以來，營養學界都知道鈣（與維他命D）對維持骨骼健康非常重要，但強調是從日常膳食中攝取，並無包括所謂的鹼性水產品。就鈣而言，自然是吃多點奶類製品如芝士、乳酪等，而骨的主要成分除了鈣，還有磷（phosphorus）、鎂（magnesium）以及蛋白質。鈣與磷為骨骼提供硬度，蛋白質則提供韌度。隨著年紀越大，骨蛋白質含量就會降低，骨的硬度會不斷上升，就如百力滋一樣，反而更脆更易骨折。

　　然而，鈣、磷、鎂三種礦物質會互相影響吸收。只要其中一種含量過多，另一種就必須從骨質分解作平衡，而且鈣過多，神經會過度興奮，容易四肢抽搐。2012年亦已有研究[5] 指，現時無足夠證據證明鹼性飲食對骨健康有顯著幫助，所謂酸性的高蛋白質飲食其實也有助骨骼健康，該位營養師又有否 acknowledge 大眾呢？

　　總之，將食物或飲料區分為酸與鹼，沒有甚麼健康意義，不管是哪種 pH 值的食物，在正常飲食範圍內都不會對人體 pH 值，尤其血液產生影響，「酸性食物」的肉類、蛋又或橙、蘋果等，也是均衡營

養不可或缺的部分。

　　再考究廣告中引述的兩篇研究[6][7]，無一個研究員是這位營養師聲稱的來自日本，不知她的說法怎樣來。其中一篇更表明是測試品牌名為 Evamor 的樽裝鹼性水，而這品牌總部設於美國路易斯安那州。連引用報告都這樣想胡混過去，可以想像當中的科學理據可以有多少。

註:

1. MI編輯部. (24 May 2019) .【健康飲食】飲鹼性水有助腸胃健康？認識鹼性飲食的健康之處。 Medical Inspire. Retrieved from https://medicalinspire.com/web/posts/33950/%E3%80%90 %E5%81%A5%E5%BA%B7%E9%A3%B2%E9%A3%9F%E3%80%91%E9%B9%BC%E6%80 %A7%E9%A3%B2%E9%A3%9F%E6%9C%89%E7%9B%8A%E5%81%A5%E5%BA%B7%EF% BC%9F%E8%AA%8D%E8%AD%98%E9%B9%BC%E6%80%A7%E9%A3%9F%E7%89%A9%E7 %9A%84/

2. ISD (August 2015) . Hong Kong's Water Supply Reducing Lead in Drinking Water. Retrieved from https://www.isd.gov.hk/drinkingwater/pdf/hk_water_supply_booklet_e.pdf

3. Clemson University. (n.d.) . pH Values of Common Foods and Ingredients. Retrieved from https://www.clemson.edu/extension/food/food2market/documents/ph_of_common_foods. pdf

4. Fenton, T.R., Huang, T. (2016) . Systematic review of the association between dietary acid load, alkaline water and cancer. BMJ Open 2016;6:e010438. doi: 10.1136/bmjopen-2015-010438

5. Schwalfenberg, G.K. (2012) . The Alkaline Diet: Is There Evidence That an Alkaline pH Diet Benefits Health?. J Environ Public Health 2012: 727630. doi: 10.1155/2012/727630

6. Mousa, H.A. (2016) . Health Effects of Alkaline Diet and Water, Reduction of Digestive-tract Bacterial Load, and Earthing. Altern Ther Health Med. 2016 Apr;22 Suppl 1:24-33.

7. Koufman, J.A. & Johnston. N. (2012) . Potential Benefits of pH 8.8 Alkaline Drinking Water as an Adjunct in the Treatment of Reflux Disease. Annals of Otology, Rhinology & Laryngology Vol 121, Issue 7, 2012. Doi: 10.1177/000348941212100702

食水安全：蒸餾水健康啲？加氟水令智商下降？

2015年香港的鉛水事件令大眾人心惶惶，畢竟重金屬鉛超標好危險會影響兒童腦部發展。有商家就看準機會推銷蒸餾水水機，聲稱蒸餾水既安全，水機又慳位。

不過，世衛、學界也極不建議使用蒸餾水或純水完全取代現有食水水源[1]，因為蒸餾水理論上並不含任何礦物質與微量身體必需金屬，除了會引致血液中紅血球數量有所下降，亦曾有捷克調查發現，當地人使用逆滲透淨化水減低當中雜質數月後，結果造成缺鎂缺鈣症狀，這些症狀包括肌肉痙攣、失眠、焦慮等。更重要是，這些純水或減礦水在化學上較不穩定，更易侵蝕金屬或其他有機盛載器冊，反而更易將有毒物質溶入水中令飲用者中毒。

簡單來說，全面使用蒸餾水是絕不安全，亦不健康，以「安全」作賣點宣傳蒸餾水與水機，是無視現有科學證據的說法。

不過話說回頭，到底當年的鉛水事件是否這樣嚴重呢？以涉及的

屋苑、學校甚至醫院數量來說的確非常多，但問題在於所謂「超標」到底是甚麼一回事。

　　先說鉛。世衛在2011年公佈最新的食水水質指引[2]時，以當時現存科學證據將食水鉛安全攝取量訂於每日每公升10微克之內。不過世衛報告已強調，是「極難」（extremely difficult）令鉛含量降至這個濃度，因為很多喉管老化都會令鉛滲入食水之中，建議可在水喉系統中加入石灰或其他方法增加水的鹼度至 pH 8-9 ，以減低喉管被侵蝕釋放鉛的機會。

　　事實上，2003年有報告[3]甚至指，世衛或美國疾病管制與預防中心（CDC）的所謂每公升10微克食水鉛安全含量根本不安全，每公升水有10微克以下的鉛亦足以令孩童智力下降，記憶力與集中力不足等問題。到底是跟世衛還是這個美國研究所說呢，的確有點無所適從，但香港出現鉛水事件很大程度上是因為有人用了不合規格的焊料焊接喉管所致，所以就算叫政府「回水」不收水費，也不會處理到問題。反而，是要政府與各界合作，加強抽查各屋苑所用的喉管，業主

也應定時檢查家中喉管，畢竟自己家園自己兒女，盡下責任也是很應份的。

鎳、鎘也超標

另外，較少人注意的是事件中也有鎳（nickel）、鎘（cadmium）兩種重金屬「超標」，兩種金屬化合物均被用作保護喉管的保護層，鎳本身甚至天然存在於水之中。然而，要留意的是鎳的「安全標準」實際上是以保障鎳敏感人仕而設[4]，常人從水中攝取比「標準」70微克（μg）稍高的鎳，未必會出現包括患癌、慢性免疫問題等的嚴重副作用——記住1毫克（mg）等於1,000微克，而要鎳中毒致死量為每公斤150毫克；以一個60公斤成人日飲2公升水來說，其鎳攝取量也只是上限的20%，其餘均從空氣、食物，甚至煮食用具中攝取，要擔心還不如擔心空氣質素、其他食物的安全。

至於鎘除了在受污染水中出現，亦會因從受污染泥土種植的農作物、肉類，甚至室內吸入二手煙*而被攝取，累積於肝與腎之中；鎘攝取量要達到350–3,500毫克才會立即致命，短期地攝取10毫克以上才會導致蛋白尿、骨質疏鬆症與其他免疫問題[5]，但香港暫時見到的

鎘「超標」量只為3.3微克,比世衛建議的僅高0.3微克。

　　當然,以上只為成人參考的攝取量,孩童攝取量的數據並不完善,亦未列入於世衛指引之中,這是學界非常需要處理的問題,否則只會令市民繼續無名恐懼。我亦並非說不該擔心鉛水問題,而是全面地了解現有數字後才判斷問題是否嚴重——事發後問責是無補於事,更重要是如何再次避免事件重演。

　　另一方面,從鉛水事件以及廣告我們可以看到,市民根本無相關科學知識去分辨對與錯,僅用「超標」二字即惹來爭議成為政治問題,為議員們提供一個絕佳機會邀功,但時至今日政府、很愛民的議員有甚麼實質措施去提升喉管安全呢?

*日食 20 包煙殘留於室內而被攝取的鎘約為每日 2-4 微克。

鉛超標令人非常關注食水安全問題,但水中也有其他成分可能令人憂慮起來。2019年刊於《美國醫學會兒科雜誌》(JAMA Pediatrics)的一份研究[5],就指水喉扭出的氟化水可能會令幼童智商下降。到底我們是否需要擔心,立即促請水務署停止在食水中加氟呢?

食水加氟歷史

食水加氟的歷史其實相當悠久。美國國立衛生研究院(NIH)旗下的國立牙科和顱面研究所(NIDCR)第一任總監 Henry Trendley Dean早在1930年代已發現食水加入氟化物,可保護口腔與牙齒健康。到1945年,Dean首度在美國密歇根州第二大城市大急流城食水系統中加入氟化物進行大型對照試驗,以驗證他的假設。最終結果顯示可顯著降低市民患蛀牙比率達60%,在1951年開始美國當局開始准許於食水內加入氟化物,此後世上不少國家和地區例如澳洲、英國、巴西、香港等都相繼仿效做法。食水加氟亦被美國疾病預防控制中心(CDC)列為20世紀十大公共衛生成就之一[6],並獲得世界衛生組織和其他部分全球和地區性健康和牙科組織的肯定。

不過,近年越來越多聲音反對做法,並指出有機會影響骨骼健

康[7]，以及有中毒之嫌，部分說法如水中氟化物會致癌屬無根據[8]（雖然易潔鑊的有機氟化物塗層會致癌，但這是兩碼子的事），而且全球並非所有國家與地區都採納此防蛀牙方法，根據《科學》的說法[9]，只有5%人口正在使用加氟食水，本地網民甚至曾要求「取消這種過時做法」[10]，聲稱增加牙齒健康服務開支更好。

《美國醫學會兒科雜誌》的研究是加拿大衛生部有份資助，團隊由2008年開始在該國6個城市收集數據，分析近600個孕婦尿液中的鉛、山埃等多種成分的濃度；當中40%人曾飲用氟化水，其尿液含氟量為每公升0.69毫克，其他身處於無氟化水的孕婦尿液含氟量為每公升0.4毫克。

在孩童出生後3-4年，研究團隊會為他們進行符合其年齡的智商測驗。在撤除母親收入、教育程度、懷孕時體重、飲酒量以及其他化學物質攝取量等可變因素後，團隊發現尿液含氟量每上升1毫克，則會令男童智商下降4.5分，但女童智商則完全不受影響。在後續的調查，母親向團隊自行匯報懷孕期間飲水與飲茶量，由於我們已知植物本身可從泥土與水分吸收氟，因此團隊也將茶葉列入可能氟攝取源頭。團隊發現尿液含氟量每上升1毫克，不論其孩子是哪個性別都會

減少 3.7 分。

　　團隊在報告中未能解釋為何兩種研究方法得出不同的智商下降，但估計是男女從環境吸收氟的能力不同。在報告刊出後多個專家均對研究手法及結論有保留，尤其自行匯報的調查一向都被學界指是可信性較低的研究方式，這只屬初步的研究而國際間的標準向來不會因為單一研究就改變，所以各國衛生部門與世衛相信會繼續建議用氟預防蛀牙。

　　也因為報告的爭議性，《美國醫學會兒科雜誌》亦罕有地在報告中刊出編輯啟事[11]，指發表是次研究決定「並不容易」（was not easy），事前亦已作出額外審查。

　　根據水務署的資料，香港近年的食水含氟量平均為每公升0.48 毫克，最高則為0.62毫克[12]，而世衛現時將食水安全含氟量訂為每公升0.5-1 毫克，因此是符合國際標準，市民不必過於恐慌。

　　另外，研究只發現氟攝取量增加與智商可能有關，不等於氟攝取量增加幼童就一定有較低智商，攝取氟的方法不只於食水，牙膏、食

物 (尤其蔬菜) 中都含氟。更重要是,不同智商測試得到的結果會有差異,兒童不同時期測出的智力可能亦有不同,基因也是另一影響智商的因素,所以我們現時是否就立即與氟割蓆呢?學界絕對需要進一步研究才能確定氟化水是否對人體有害。

註：

1.Kozisek, F. (n.d.) . Health Risks from Drinking Deminiralised Water. Retrieved from: http://www.who.int/water_sanitation_health/dwq/nutrientschap12.pdf

2.WHO. (2011) . Lead in Drinking-water - Background document for development of WHO Guidelines for Drinking-water Quality. Retrieved from
http://www.who.int/water_sanitation_health/dwq/chemicals/lead.pdf

3.Canfield, R.L., Henderson Jr., C.R. & et al. (2003) . Intellectual Impairment in Children with Blood Lead Concentrations below 10 µg per Deciliter. N Engl J Med. 2003 Apr 17; 348 (16) : 1517–1526. doi: 10.1056/NEJMoa022848

4.WHO. (2011) . Nickel in Drinking-water - Background document for development of WHO Guidelines for Drinking-water Quality. Retrieved from
http://www.who.int/water_sanitation_health/gdwqrevision/nickel2005.pdf

5.Green, R., Lanphear, B., Hornung, R. & et al. (2019) . Association Between Maternal Fluoride Exposure During Pregnancy and IQ Scores in Offspring in Canada. JAMA Pediatr. Published online August 19, 2019. doi:10.1001/jamapediatrics.2019.1729

6.CDC. (2 April 1999) . Ten Great Public Health Achievements -- United States, 1900-1999. MMWR Weekly April 02, 1999 / 48 (12) ;241-243. Retrieved from https://www.cdc.gov/mmwr/preview/mmwrhtml/00056796.htm

7.McDonagh, M.S., Wilson, P.M., Sutton, A.J. & et al. (2000) . Systematic review of water fluoridation. BMJ 2000;321:855. doi: 10.1136/bmj.321.7265.855

8.Unde, M.P., Patil, R.U. & Dastoor, P.P. (2018) . The Untold Story of Fluoridation: Revisiting the Changing Perspectives. Indian J Occup Environ Med. 2018 Sep-Dec; 22 (3) : 121–127. doi: 10.4103/ijoem.IJOEM_124_18

9.Price, M. (19 August 2019) . Drinking fluoridated water during pregnancy may lower IQ in sons, controversial study says. Science. Retrieved from https://www.sciencemag.org/news/2019/08/drinking-fluoridated-water-during-pregnancy-may-lower-iq-sons-controversial-study-says

10.大泡禾. (16 February 2018) .其實點解氟有神經毒性但食水廠仍然加足咁多年.連登.Retrieved from https://lihkg.com/thread/562948/page/1

11. Christakis, D.A. (2019) . Decision to Publish Study on Maternal Fluoride Exposure During Pregnancy. JAMA Pediatr. 2019;173 (10) :948. doi:10.1001/jamapediatrics.2019.3120
12. Water Supplies Department. (n.d.) . Drinking Water Quality for the Period of April 2018 - March 2019.Retrieved from https://www.wsd.gov.hk/filemanager/en/content_1182/ Drinking_Water_Quality-e.pdf

飲滴雞精補身不如多做運動

　　滴雞精近年成為電視節目力推，聲稱每日飲一包可以補身的保健產品，網上亦有大量藝人與媽媽推薦，指產後飲用可以更快回復體力。甚至有商家非常「細心」地製造素滴雞精滿足素食者的健康。不過說起來，滴雞精到底是甚麼？

　　很多品牌都指自己的滴雞精是以古法、用上十多小時燉製，無添加、不破壞蛋白質，亦因為過程中不加水，確保滴雞精原汁原味可以讓用家攝取到所有雞的營養云云。市面亦有多種滴雞精產品，有老母雞、超特濃版本等等，五花八門絕非獨家生意。

　　簡單點講，滴雞精就是濃縮雞湯，如果沒有加入其他中藥材，基本是雞一隻。所以，吃雞不就行了嗎？你有所不知了，這些產品最好的地方就是低鈉、無脂肪、無膽固醇，果然為你想得周到。不過，如果是古法製造，為何近幾年才會出現「造福人群」呢？這是我理解不到的地方。

　　第二，雖然各品牌都有證書證明其產品安全、含胺基酸、符合營養標籤等等。要記住合標準，不等於有其所聲稱的好處，再者很多品牌只用「守護飲用者的身體健康」、「為身體注入活力」這種曖昧字

眼來宣傳，不同於改善健康、增強免疫力等字眼可能需要有科學研究證明其效用——如果真的有這些功效，那直接吃雞刺激養雞業好了，不用花這麼多心機又煲又燉，浪費地球能源。

第三，亦是暫時小肥波想到最重要的一點：雖然蛋白質會在高溫下會變性（denaturation），更易被消化與釋出胺基酸，但長期以高溫煮肉會令微量營養成分如維他命、礦物質流失；一些親油性的營養物質（維他命 A, D, E, K 等）亦有機會因為產品聲稱「無脂肪」而被隔走，我想中醫所說的補身並非只一味吃胺基酸吧？

根據有限的中醫知識，雞肉是補虛良藥，可溫中益氣、填髓補精，適宜氣虛食少、頭暈、心悸、月經不調、產後乳汁不足、水腫、消渴、遺精、耳聾耳鳴的人食用，尤其適宜於老年人和體弱者食用。不過，有養必有傷，只有適度攝入肉類加上均衡飲食，才能真正的補充營養，維持正常的生理功能；攝入過量肉類，是導致臟腑功能失調引發疾病危害生命的重要因素，因此中醫是提倡飲食有節。這亦與營養學的說法不謀而合，因為身體攝取過多胺基酸會增加肝臟負擔，亦有可能影響神經系統運作。

中醫好友傑醫師曾表示，「雞汁」、「肉汁」屬重劑，一般人難應付亦不適合，一服即傷是「司空見慣」。他指出，考試前後、手術前後、坐月、大病後等等情況想進補應淡補慢補，亂用重劑易把經脈通道堵塞，而學生的暗瘡、傷口的炎症、新媽媽的口乾苦或胃口更差，很多都是亂補出來。他又形容：「身邊人在應付困難，想出手幫助是人之常情，但方法必須合理，否則『幫助』只是滿足心理的工具，實情只是幫倒忙！」

另外，各大品牌的廣告通常都會讓大眾感覺滴雞精比過去的雞精產品營養更豐富，但馬偕紀念醫院台北營養課臨床組組長趙強就市面上滴雞精的營養標示，比較總蛋白質含量發現「跟一般的雞精差不多」：雞精每100毫升含7.94克蛋白質，滴雞精則含7.93克蛋白質。[1]

市面上的滴雞精事實上可能會加入其他成分，如人蔘、蟲草、當歸、鹿茸等等「補品」，不是每個人都適合用服，可能會令部分人的病情越加嚴重。因此，飲用滴雞精前需諮詢註冊中醫師的意見，看看體質是否適合。以下人士要特別小心，例如：

1.**本身營養充足，身壯力健者**
2. **慢性腎病患者 (滴雞精含高鉀等成分，可能加重腎臟負擔)**
3. **高血壓患者 (滴雞精鈉含量如偏高，會令血壓升高)**
4. **痛風患者 (滴雞精是中嘌呤 (Purine) 類的食品，喝太多可能會讓尿酸升高，令痛症變得顯著)**
5. **幼童 (幼童腎臟要到 12 歲才發育完成，若從小把高蛋白營養品當水喝，易造成幼童腎臟負擔)**

　　此外，有商家推出「素滴雞精」，稱採用全天然植物精華，卻具有肉類的補身營養與功效。當中成分包括「超級食物」螺旋藻、牛肝菌、猴頭菇、靈芝及蟲草等等，不單「滋陰養血氣，補肺益腎，補虛提神，有助增強免疫和幫助身體復元」，亦誇口可有效減少碳排放，從而減緩氣候變化，守護環境。不過，這些東西本身就是保健產品的常見成分，為何要強行加上「滴雞精」之名？有難言之隱還是只為趕上「滴雞精」的銷售列車，明眼人一看就懂了。

　　我明白香港生活逼人，作息習慣早已不健康，這亦是為何坊間越出越多光怪陸離的保健產品。都是平常那一句：均衡飲食，做多點運動，便不怕不健康了。

註：

1. 趙敏. (1 May 2014) . 滴雞精PK雞精、雞湯，哪個比較營養？. 康健雜誌. Retrieved from https://www.commonhealth.com.tw/article/68396

可樂浸爛牙齒嚇死人

英國《每日郵報》在2017年頭已遭維基百科評為「普遍不可靠」（generally unreliable）而禁止編輯使用為資料來源。然而，大中華地區傳媒總是喜歡犯上同樣的錯誤，視之為有價值、最能吸引讀者的報道來源。

那這又與標題的可樂浸爛牙齒有何關係？同年12月《每日郵報》做出「創舉」[1]，與英國口腔健康協會（Oral Health Foundation）牙醫 Ben Atkins 合作，將牙齒放在七種不同酸鹼值的飲品當中長達14日，以顯示飲品對牙齒的破壞。不過要解構研究有多無稽，首先要知道為何《每日郵報》再創新猷。

原來，2017年8月底英國牙科協會（British Dental Association）的 Mervyn Druian 公開警告英國人，不要飲太多意大利氣酒 Prosecco，因為當中的碳酸氣泡、酒精與糖份均會破壞牙齒表面琺瑯質，令人出現 prosecco smile，尤其女士。因為 Prosecco 甜，一不留神就會飲很多，容易影響儀容。

Druian 曾在《獨立報》解釋[2]，prosecco smile 出現的跡象可在牙齦見到，並在牙齦下方的一條白線開始，當觸碰時感覺有點軟，就

是有問題 (蛀牙) 的開始，要補牙或進行其他牙科保健工作。

這當然一句激嬲意大利人。Druian 其後被意大利政府炮轟，該國農業部部長更在 Twitter 直斥說法為假新聞（後來刪除帖文）[3]，亦有牙醫質疑說法有妖魔化單一飲品之嫌。

有人就認為這是 BDA 的陰謀，畢竟英國是全球最大意大利氣酒市場，每年銷售額高達3.66億歐元（折合約33.7億港元），藉此壓低意大利氣酒價錢是相當符合英國人的利益；BDA 當然例牌否認說法有隱藏動機，BDA 的科學顧問 Damien Walmsle 後來亦重申，任何酸性飲料例如可樂、橙汁或葡萄酒都會損害琺瑯質。他又批評，英國牙醫向意大利 Prosecco「宣戰」的說法是誇大了，BDA 過去也曾對美國汽水、法國香檳或英國冰沙發出同樣的警告。

事件最後如何？當然是不了了之。

其實 BDA 只是一個在英國本土註冊的牙齒工會，與英國官方牙齒監管機構牙醫總會 （General Dental Council） 大為不同，而這次《每日郵報》找的英國口腔健康協會亦只是一個傳揚口腔健康的慈善

機構，這兩個相關事件明顯是有人找個銜頭令自己的「科學」實驗或說法看似更有說服力，或者為自己增添更多名聲與影響力，為日後「搵真銀」舖路。

浸爛牙齒實驗問題

回到正題，到底實驗有甚麼問題？第一，你不會含住一口汽水或任何飲料兩星期，這種不切實際、假設非常假的實驗，相信有少許科學基礎的初中生也不會做。

第二，如果要知道飲料對牙齒的影響，設定應更貼近口腔原本狀態，例如用上假牙、加入口腔常見細菌等等，而非獨立剝出牙齒浸在飲料之中。如果要擔心飲可樂令會弄斷牙齒，不如擔心一下吃檸檬等的生果——可樂酸鹼值（pH）約為2.5，檸檬更酸約是 pH 2.0，夠震驚了吧？

第三，實驗並非一個控制測試，不同飲料用不同牙齒類型，一時使用大臼齒，一時使用門牙或犬齒，相當不科學。

如何保護牙齒

事實上，牙菌膜比酸性飲料更危害牙齒至以整個口腔的健康：如果牙齒沒有徹底清潔，牙齦邊緣及牙齒鄰面就會長期積聚牙菌膜。由不同細菌組成的牙菌膜會分泌毒素刺激牙齦，引致牙齦發炎。同時牙菌膜亦會被口水鈣化，形成牙石。由於牙石表面粗糙，令更多牙菌膜積聚，牙齦會因此長期發炎。

口腔如在這時仍無改善，會惡化成嚴重牙周病，牙齦會經常流血。長此下去，牙齦與牙根分離形成「牙周袋」，更多食物殘渣積聚，引來更多牙石積聚，繼續刺激牙周組織，增加牙根被蛀壞的機會。

以上資訊由香港衛生署口腔健康教育事務科所提供，但《每日郵報》偏偏不講，另闢門路吸引讀者注意，誇大其辭故意發表一些「偽知識」為禍社會。《每日郵報》與牙醫 Ben Atkins 明顯沒有盡自己的基本操守，浪費資源之餘又不負責任。到底我是過份認真，還是世界已沒有標準可言？

不過2016年，《美聯社》記者揭發了牙線預防蛀牙和牙齦疾病方面的說法，一點科學根據也沒有，更勸勉同業凡事也要抱懷疑的態度，方能做到有影響力的報道。

然而，亦要留意的是在「牙線事件」後，世界各地的牙科協會繼續為使用牙線辯護。[4] 學會在2016年承認目前的證據不足，但堅持認為民眾應繼續將使用牙線作為日常口腔衛生習慣的一部分。2019年，Cochrane 口腔健康小組發表的一篇評論也得出結論，指在刷牙的同時使用牙線或牙縫刷可能比單獨刷牙更能減少牙齦炎或牙菌斑，或兩者兼而有之。不過，由於研究的局限性，該小組認為這些證據的確定性是非常低，並且不知道這些影響是否大到具有臨床重要性，表明要有進一步、更持久的試驗。

對小肥波而言，凡事都思考過才是做人應有態度，否則只會成為一頭只懂吃與睡的豬了。

註：

1. Naish, J. (8 December 2017) . Rotten truth about what prosecco does to your teeth: How the 'triple whammy' of acidic bubbles, alcohol and sugar are ruining smiles. Daily Mail. Retrieved from https://www.dailymail.co.uk/femail/food/article-5161121/Rotten-truth-prosecco-does-teeth.html

2. Lukaitis, N. (30 August 2017) . Doctor Warns Women To Drink Less Sparkling Or Risk Prosecco Smile. Women's Health Magazine. Retrieved from https://www.womenshealthmag.com/uk/health/conditions/a707092/prosecco-smile/

3. Povoledo, E. (2 September 2017) . Give Up Prosecco to Save Your Teeth? British Claim Riles Italy. The New York Times. Retrieved from https://www.nytimes.com/2017/09/02/world/europe/prosecco-teeth-italy-uk.html

4. Grossman, M. (19 February 2020) . The Great Floss Debate. University of McGill Office for Science and Society. Retrieved from https://www.mcgill.ca/oss/article/health/great-floss-debate-or-when-science-and-common-sense-collide

Chapter 3

眞假科學理論

「五秒定律」：
跌落地食物一定沾到細菌

　　民以食為天，食是人類社會甚至文化中好重要的活動。很多人則信「五秒定律」，將跌落地不夠五秒的食物撿起再吃。不過請你留意這個小動作，因為無論你幾快，跌落地的食物一定沾到細菌。

　　「五秒定律」於2000年代突然興起，對此考究多年來在科學界一直未停過，但實際起源一直未明。最多人說的是可能源自成吉思汗時代的以訛傳訛。話說當時成吉思汗會舉辦奢華宮廷宴會，人多自然手腳亂也會不小心將食物掉落地上，成吉思汗向參加盛會的臣民宣稱，所有為他準備的食物，掉在地上5個小時以內都可以安全放進口吃，這又被稱為「可汗法規」（Khan Rule）。

　　至於為何是5秒呢？康奈爾大學食品與品牌實驗室主任Brian Wansink 推測，這個時間限制可能與人類記憶有關——這是我們能回憶起甚麼東西掉下來的時間。他說：「超過5秒後，你會開始忘記盤子裡的食物。看起來你只是在地板上隨意吃東西。」[1]

　　2003年夏天，當時還是高中生的 Jillian Clarke 在伊利諾大學厄

巴納-香檳分校食品科學與人類營養系名譽教授 Hans Blaschek 的實驗室當學徒,調查「五秒定律」的科學有效性。[2]

　　Clarke 的調查顯示,較多女性熟悉「五秒定律」(比男性多14%),而大多數人會用之來決定是否放棄掉在地上的食物,所以女性更傾向會將掉在地上的食物吃進肚;餅乾和糖果則比椰菜花或西蘭花更易被人撿起吃掉。

　　重點是,Clarke 發現食物掉在含有微生物的地板上,食物可能會在5秒或更短的時間內被污染。不過,從微生物的角度而言,伊利諾大學厄巴納-香檳分校各處的地板非常乾淨,反覆檢驗後發現地板的細菌數目難以檢測得到,所以假設食物掉在乾燥的地板上是安全的。即使是能在乾燥條件下生存的芽孢桿菌(Bacillus)也並未在地板上出現。

　　為了解不同表面是否影響「五秒定律」,Clarke以光滑和粗糙的瓷磚測試,她在將瓷磚消毒後就沾上大腸桿菌,並丟各式軟糖 (因

為較多人會掉在地上後取吃）在瓷磚上。她發現，在所有情況下，大腸桿菌都可從瓷磚轉移到軟糖，時間不須多於5秒。與粗糙的瓷磚相比，更多的大腸桿菌會從光滑的瓷磚轉移到軟糖上。

Clarke 最終因為此一系列調查，證明「五秒定律」並非完全正確而獲得2004年搞笑諾貝爾公共衛生獎。

到2016年，美國羅格斯大學的食物科學專家 Donald Schaffner 再次確認，[2] 濕度、接觸表面，以及食物與表面接觸的時間均會影響食物跌落地之後受細菌污染的情況。有些情況之下，食物短於一秒就沾染細菌。他當時更在大學聲明中表明：「細菌可以瞬間污染食物。」[3]

Donald 以產氣腸桿菌（Enterobacter aerogenes）沾染不銹鋼、瓷磚、木板與地氈4種表面，這種沙門氏菌近親並不致病且天然存在於人體腸道。

然後，團隊將西瓜、麵包、牛油麵包與軟糖，分別置在這些表面少於1秒、5秒、30秒以及300秒，並將這128種不同情況重覆20次，以減少當中誤差；而在放置食物前團隊會確認沾上細菌的表面是完全

乾透。

結果顯示，西瓜在所有情況之下均沾上最多的菌，而軟糖最少。由於細菌無腳，它們需要利用水分進行大遷徙，故此食物越濕潤，掉在地上時間越長，細菌就會越易滋生。另外，木板最易轉移細菌，但令人出奇的是地氈竟是最難轉移細菌。顯然，食物的濕潤程度、接觸時間、接觸表面三者都影響細菌的轉移數量與速度。

簡而言之，「五秒定律」是過份簡化細菌轉移的情況，其他上述的因素也對細菌轉移相當重要。

及後也有數個電視節目，如 Mythbusters 與 Food Detectives 都有調查過「五秒定律」，並指兩秒鐘都足以使食物被污染而令定律更廣為人知。可是，相關的認真研究則少之有少，很多時定律更以訛傳訛，變成無可動搖的真理，大菌食細菌，令自己生病自討苦吃。

正如 Monica Hesse 曾在《華盛頓郵報》上指，[4] 「五秒定律」與食物其實無甚關係，而是一種由渴望和厭惡、美食歷史和演化進程，以及各飲食文化交雜，並與不同人訂立的隱性社會契約。換個說

法就是，「五秒定律」只是想要吃下美味食物的慾望。

　　所以，記住跌落枱面、地面的食物記住不要吃呀。當然，吃東西專心一點就不會浪費食物。

註：

1.Hesse, M. (8 July 2007) . That Dropped Doughnut: How Soon, and How Often, Will It Come Back Up?. The Washington Post. Retrieved from https://www.washingtonpost.com/wp-dyn/content/article/2007/07/07/AR2007070701294.html

2.ACES News. (2 September 2003) . If You Drop It, Should You Eat It? Scientists Weigh In on the 5-Second Rule. University of Illinois Urbana-Champaign College of Agricultural, Consumer & Environmental Sciences. Retrieved from https://aces.illinois.edu/news/if-you-drop-it-should-you-eat-it-scientists-weigh-5-second-rule

3.Miranda, R.C. & Schaffner, D.W. (2016) . Longer Contact Times Increase Cross-Contamination offrom Surfaces to Food. Applied and Environmental Microbiology, published online 2 September 2016. DOI: 10.1128/AEM.01838-16

4.Rutgers Today. (8 September 2016) . Rutgers Researchers Debunk 'Five-Second Rule': Eating Food off the Floor Isn't Safe. Rutgers University. Retrieved from https://www.rutgers.edu/news/rutgers-researchers-debunk-five-second-rule-eating-food-floor-isnt-safe

啪手指不致關節炎

好多人都喜歡得閒無事就啪手指（knuckle cracking）。即使一直有人以 X 光來作啪手指研究以了解當中原理，但科學界仍無一致的理論，去解釋「啪」一聲究竟從何而來。不過可以肯定的是現時無足夠醫學研究支持啪任何關節會導致關節炎。

1947年，倫敦聖多馬醫院醫學院醫生 J.B.Roston 和 R.Wheeler Haines 首次提出啪一聲是因為關節間出現小氣泡而造成的，氣泡主要是二氧化碳、氧氣和氮氣。當時人們都普遍相信這個理論，但到了1971年[1]，英國列斯大學團隊用類似的研究方法，推翻理論，指這些小氣泡爆破才是「啪啪啪」的來源，而過程的影響將持續一段時間，在此稱為「不應期」（refractory period）的時間，關節不能被啪約20分鐘，直到該些氣體緩慢地重新吸收到關節滑液（synovial fluid）中。

2015年的加拿大研究[2] 則利用磁力共振素描技術（MRI），發現1947年的一派學說才是正確。原來，我們啪手指時，會令關節分離，這個突如其來的空間會由關節滑液填補，但不會填滿，剩餘的空間則會形成類似真空狀態，此時就會製造「啪」的響聲。

2018年，法國團隊研製出數學模型[3]，模擬了關節在破裂前發生的情況，並得出結論指，啪啪聲是由氣泡破裂引起，而在滑液中觀察到的氣泡是部分氣泡破裂的結果。這也證實了為何有些人無法啪手指關節，因為如果指關節之間空間很大，關節滑液中的壓力不會下降到足以觸發聲音的程度。

不過，該研究由於理論基礎和缺乏物理實驗，科學界對這一結論仍不完全信服。

另外，肌腱或疤痕組織在突出部位的移動也會產生響亮的啪啪啪聲，所以當啪關節時感到有異樣時，就要立刻求診了解自己的身體狀況。

啪手指發出的啪啪聲，對於某些人而言是舒壓又治癒，甚至有人覺得啪手指可有助放鬆筋骨，但一切只是錯覺。因為無論是上述何種啪聲的理論均只涉及氣泡破裂，關節壓力無特別大減，而且氣泡爆破只屬暫時性，所以啪關節舒展一下只是心理作用。

另外，長輩常會「恐嚇」有啪手指習慣的人，會關節受損、變形，但說法並無根據。

先講2011年發表的一項研究檢查了215個 50 - 89 歲較年長人士的手部 X 光片 [4]，嘗試比較經常啪手指關節的人與無啪手指者的關節差異。該研究得出的結論是，有啪手指習慣的人與對照組，患有關節炎的機率分別為18.1%及21.5%，顯示無論一個人啪多少年手指或幾頻繁地啪手指關節，都不會因此患上手部骨關節炎。不過研究因無考慮到其他因素的可能性，例如啪手指頻率或有該習慣是否與手部功能受損有關而遭受批評。

其實在1998年，加州醫生 Donald Unger 發表了其用超過60年時間與精力的「研究」成果。他每天最少兩次啪自己的左手指關節，右手則不啪，並發現雙手關節不單無退化，亦難以察覺有分別。[5]

他解釋，在童年時期，各種知名權威人士，包括其母親、幾位阿姨，以及後來他的岳母告訴他，啪手指導致手指關節炎。因此，他就用半個世紀的時間「來檢驗這個假設的準確性」，在此期間，他每次亦巧妙地告訴任何不請自來持此論調的人士，「啪手指會發炎」仍

未有科學結果證明說法。

他又強調，該發現讓人更有信心質疑來自父母的觀念，例如吃菠菜的重要性，是否也有缺陷。總之，他在無任何資助下、責任自負的形式下完成「研究」，指啪手指與手指關節炎形成之間無明顯關係。

Unger 這個無聊又重要的研究令他榮獲2009年搞笑諾貝爾醫學獎，他當年出席頒獎禮時除了感謝大會給他15分鐘的成名機會，亦繼續發揮幽默本色，指自己死後墓碑上不會刻上老土的「最愛的父親」、「永遠懷念」甚麼甚麼，而是「 Donald Unger 長埋於此，終於不再啪手指了。」[6]

一般來說，要防止出現影響活動的關節啪啪聲，包括疼痛，最佳方法是保持關節郁動。變得僵硬的關節更易產生導致啪啪聲的壓力變化。通過保持有活力的生活，我們可以減少出現關節炎的機會，所以請多多保持運動！

註:

1. Unsworth, A., Dowson, D. & Wright, V. (1971) . 'Cracking joints'. A bioengineering study of cavitation in the metacarpophalangeal joint. Ann Rheum Dis. 1971 Jul; 30 (4) : 348–358. doi: 10.1136/ard.30.4.348

2. Kawchuk, G.N., Fryer, J., Jaremko, J.L., Zeng, H., Rowe, L. & et al. (2015) . Real-Time Visualization of Joint Cavitation. PLoS ONE 10 (4) : e0119470. doi:10.1371/journal.pone.0119470

3. Suja, C.V. & Barakat, A. I. (2018) . A Mathematical Model for the Sounds Produced by Knuckle Cracking. Scientific Reports 8 (1) : 4600. doi:10.1038/s41598-018-22664-4

4. deWeber, K., Olszewski, M. & Ortolano, R. (2011) . Knuckle Cracking and Hand Osteoarthritis. The Journal of the American Board of Family Medicine March 2011, 24 (2) 169-174; DOI: 10.3122/jabfm.2011.02.100156
https://www.jabfm.org/content/24/2/169

5. Unger, D.L. (1998) . Does knuckle cracking lead to arthritis of the fingers?. Arthritis Rheum. 1998 May;41 (5) :949-50. doi: 10.1002/1529-0131 (199805) 41:5<949::AID-ART36>3.0.CO;2-3

6. Drew, S. (15 February 2010) . Ig Nobel acceptance speech: Knuckle-cracking. Improbable. Retrieved from https://improbable.com/2010/02/15/ig-nobel-acceptance-speech-knuckle-cracking/

人類只用大腦 10%

2014年上映的荷里活大片《LUCY：超能煞姬》（Lucy）講述由著名性感女星 Scarlett Johansson 飾演的露絲被逼以身體作為工具來運送神秘的合成益智藥CPH4，致使獲得加強的大腦能力，包括超感受力、心電感應、隔空取物、心理時間旅行，而她亦可以選擇不感到疼痛或其他不適。這些劇情是建基於坊間普遍傳播的「只用大腦10%」理論，而電影的推出自然又使這封塵的理論再度獲得大眾熱切討論。

「只用大腦 10%」理論起源與問題

「只用大腦 10%」理論到底是怎麼形成的？

這個理論的起源並不明確，可能始於1900年代初期，當時美國神經外科醫生 Karl Lashley 切除了受迷宮訓練的老鼠部分大腦實驗[1]。他發現，在損傷一些大腦皮層的區域後，老鼠仍能夠正確地執行迷宮任務，並且表現正常。隨著損傷面積越大，老鼠做任務時的影響就越大，包括走不出迷宮，又或走出迷宮的時間增加。然而，老鼠可通過額外的訓練和時間來恢復原有能力。

Lashley 因而提出了「等勢原理」（principle of equipotentiality），

即大腦皮層的不同區域可以執行相同的功能；他亦由此發展出「集體行動原理」（principle of mass action），指大腦在許多類型的學習中會作為一個整體發揮作用。

另有說法指，「只用大腦10%」理論源自1890年代哈佛心理學家 William James 與 Boris Sidis 的儲備能量理論，當時他們分析了神童 William Sidis 的驚人數學與語言學能力，並指普遍人只能發揮他們全部心理或大腦潛力的一小部分。說法在1920年代的運動中流行起來。科幻作家 John W. Campbell 曾在其短篇小說更指：「歷史上無一個人曾經使用過他大腦的一半思考部分。」到1936年，美國記者 Lowell Thomas 為西方現代人際關係教育的奠基人 Dale Carnegie 勵志名著《人性的弱點》（How to Win Friends and Influence People）撰寫序文時誤寫上：「哈佛大學心理學教授 William James 曾經說過，一般人可能只使用了10%的潛在心智能力」，令說法更為瘋傳[2]——不要忘記《人性的弱點》一書由1936年出版以來，已售出超過3,000萬冊，而且翻譯成多種語言，至今仍是很受歡迎的書！

但我們現在知道，大腦並非一個統一的結構。每一次某一位置小中風可能對人體活動、記憶是毀滅性的；而根據受損區域，不同的大

腦功能會受到干擾。例如，運動皮層損傷會導致身體一邊癱瘓，額葉的布若卡氏區（Broca's area）受損會導致失語症，無法製造符合文法的流暢句子。雖然，隨著時間和有系統的訓練，某些腦功能可能會有所恢復，大腦替代區域可以補償受損位置，但相關能力完全的恢復是極為罕見。

　　至於認知障礙症（Alzheimer's disease）和柏金遜症（Parkinson's disease）等神經退行性疾病都是在不同大腦區域出現退化而導致很類似的病徵。認知障礙症中的記憶缺陷是由海馬體退化造成，而柏金遜症中由於黑質（Substantia nigra）中多巴胺神經元的喪失而導致運動功能障礙。這些疾病的功能是不能恢復的，因為當中的損害擴散，大腦並無補償機制可以介入。

　　換言之，大腦各區是可以單獨或共同發揮作用，以使我們能夠協調作出複雜的任務，視乎該任務需要大腦哪個部分加入行動。

大腦的能源消耗

話雖如此，並不等於我們有些時候只用部分大腦。人類的大腦平均只佔我們體重的2%，但不合比例地消耗了攝取的總能量當中五分之一，這是因為在執行認知功能與控制運動協調外，腦幹還需要維持基本的無意識功能，例如呼吸。另外，與其他動物相比，我們的大腦相對較大，如果90%的大腦是不需要的，擁有一個體積更小、效率更高的大腦會是一個重要的演化生存優勢，亦即是說由猿人露西演化成現化智人的數億年來，天擇（natural selection）很大機會令消耗大量能量而90%無用的低效大腦消失，無法留傳至今，如此質量大的大腦也不會演化成人體其中一個最重要的器官。

大腦消耗的大部分能量為數百萬個通過電神經脈衝相互交流的神經元提供動力。這形成了一個連接功能不同區域的控制網絡。如人類真的只使用了10%大腦，那麼擁有如此大量的能量來維持閒置的90%是沒有意義的。更重要是，沒被利用的腦細胞會有衰退的趨勢，因此90%腦細胞無使用過的話，大腦會出現大規模衰退，無法加入新的記憶，甚至連如常活動也無法做到。[3]

神經科學家仍在試圖了解大腦的功能。目前，研究的一個主要焦點是不同類型細胞在大腦中的作用。在大腦中，只有10%的細胞是神經元；其他90%是神經膠質細胞（gilal cells）或星形膠質細胞。神經膠質細胞通常被認為對大腦和脊髓有支持作用，為攜帶電脈衝的神經元增加結構和保護。這些細胞似乎在將神經元連接在一起方面很重要，但最近的研究表明它們在功能上可能更為重要，尤其是在形成記憶方面。

大腦或可自我修復

2021年6月刊於《科學》的研究就指，在小鼠大腦中發現了兩種新型神經膠質細胞。這些新發現的神經膠質細胞似乎即使在小鼠成年後，也對大腦如何適應和自我修復產生影響。

該個由瑞士巴素爾大學專家領導的研究，仔細觀察位於充滿液體、稱為「腦室–腦室下區」（ventricular-subventricular zone）的大腦區域，該區存在於所有有脊椎動物中，包括人類。

團隊研究成年小鼠的多能神經幹細胞（multipotent neural stem

cell)，這些細胞可以變成各種類型的腦組織，而團隊發現了一個「激活開關」，導致該區域休眠的幹細胞發育成神經膠質細胞，當中包括新發現的兩種類型。

因此，這個休眠的幹細胞庫不僅如已知一樣能夠產生神經元，而且還是不同類型神經膠質細胞的發源地。

在脫鞘作用（demyelination）或神經元損傷模型中，團隊發現小鼠的兩種新神經膠質細胞都被激活。雖然機制細節仍未清楚，但發現表明這些細胞在大腦的可塑性和修復中發揮一定作用，相信在未來的研究計劃中進行更詳細分析。

更重要的是，團隊發現其中一種新發現的神經膠質細胞會在腦室壁而不是腦組織中出現，位置暗示這類神經膠質細胞能夠感知和處理來自大腦其他區域的遠程訊號，但也需要更多研究才能確定說法。

美國北卡羅萊納大學生物學家 Katherine Baldwin 和杜克大學腦科學研究所副教授 Debra Silver 在伴隨研究出版的評論強調，研究可能是我們更了解神經膠質細胞生成（gilogenesis），即幹細胞如何轉變

為神經膠質細胞，以及成年後神經膠質細胞繼續生成的重要一步。

　　他們在評論指：「這一發現表明，成年神經膠質細胞生成比以前認為的更廣泛出現，為潛在的再生療法奠定了基礎。」

　　所以，如果人類更了解這些新細胞的工作原理，或許加以利用來改善大腦修復，而對神經系統的損害可能不像我們想像的那樣持久。

註 :

1.Department of Psychology. (n.d.) . Karl Lashley. Harvard University. Retrieved from https://psychology.fas.harvard.edu/people/karl-lashley

2.Larsen-Freeman, D. (2000) . "Techniques and Principles in Language Teaching". Teaching Techniques in English as a Second Language (2nd ed.) . Oxford: Oxford University Press. p. 73.

3.Beyerstein, Barry L. (1999) . "Whence Cometh the Myth that We Only Use 10% of our Brains?". In Sergio Della Sala (ed.) . Mind Myths: Exploring Popular Assumptions About the Mind and Brain. Wiley. pp. 3–24.

4.Delgado, A.C., Maldonado-Soto, A.R., Silva-Vargas, V. & et al. (2021) . Release of stem cells from quiescence reveals gliogenic domains in the adult mouse brain. Science 11 Jun 2021: Vol. 372, Issue 6547, pp. 1205-1209. DOI: 10.1126/science.abg8467

有用？無用？
淺談安慰劑效應

　　人類大腦在某些情況下可以成為強大的治療工具，可以說服身體接受「虛假」的治療並出現如服藥一樣的效果，這亦是所謂的「安慰劑效應（Placebo Effect）」。

　　安慰劑效應早在公元前的古埃及、巴比倫等古文明已有記載，可是到了1772年西方才有人使用「安慰劑」一詞，更直到18世紀末期方有醫學史上首個實驗證明安慰劑的效用，而這亦是一個破解偽科學產品的實驗。

史上首個證明安慰劑效用實驗

　　該實驗是由以隔離發燒病人避免其他人感染，以及提倡接種疫苗降低天花死亡率而名留青史的英國醫生 John Haygarth （1740-1827）所作出。在1796年左右，美國醫生 Elisha Perkins （1741-1799）以鋼與黃銅製造出「帕金斯金屬棒」（Perkins tractor），並聲稱金屬棒是由特殊合金製成，當將之指住病人有炎症、風濕與疼痛的位置約20分

鐘，即可把疾病「引出」並不藥而癒，因此以當時極高價格5個金幣在美兜售，其後更風靡倫敦。

　　不過，這種神器引起 Haygarth 懷疑，認為高昂的價格並無必要，所以他就以木製假金屬棒與一系列聲稱已激活的金屬棒進行比較，並發現木棒與昂貴的金屬棒一樣有效「治療」上述病徵，他在1800年發表研究結果[1]，直言發現「原來僅憑想像就能對疾病產生多麼強大的影響，這是前所未見過」。Haygarth 亦指出，這也可能是名醫往往比無名小卒更成功的原因，當時許多藥物都依賴於相同的安慰劑效應。

　　最諷刺的是，Perkins 生前曾以醋和蘇打水「發明」黃熱病藥物，並在1799年紐約市大爆發時進行測試，但結果無效，他自己也因為感染黃熱病死亡 [2]。

安慰劑爭議

　　安慰劑效應的發展此後未有停過，但也沒有太多發展。哈佛醫學院教授、安慰劑研究專家 Ted Kaptchuk 的團隊在2012年審視《英

國醫學期刊》(BMJ)從1840年創刊到1899年與安慰劑有關的全部共71份文獻[3]，發現了安慰劑「另類」的存在：醫生開安慰劑時為了在無藥可醫的情況下維持自己的專業性、換取更多研究疾病的時間，甚至只為了增加收入；也有一部分誠實的醫生以貶低態度討論安慰劑無效，甚至認為是欺騙患者，因為只有一份研究提到，醫生會告知患者使用的是安慰劑，亦只有一份研究暗示安慰劑在臨床上有效。換言之，安慰劑從誕生之初就存在倫理問題。同時也有部分醫生把使用安慰劑等同於給予更好的醫療條件，促進患者自癒，講到底就是大家都不太知道安慰劑可以怎樣用，以及有甚麼實際功效。

到了20世紀，安慰劑才真正被現代醫學列入常規測試之中，學者和醫生開始分析藥物的有效性到底是因為有活性成分還是安慰劑作用。20世紀初，德國學者開始採用單盲測試，大大改變了現代藥理學的研究基礎，後來更有學者發展出雙盲測試徹底改變了藥物的研究方式。

二戰時期，美國麻醉科醫生 Henry K. Beecher (1904-1976) 觀察到當手術時嗎啡用盡時，生理鹽水也起到相同效果；他也發現與普通傷者比，在戰爭中受傷的士兵對止痛效果更為明顯，認為這是因為士

兵對「藥物」有所期待，希望治療後可早日回家。他因此更仔細研究安慰劑效應，並於1955年在《美國醫學會雜誌》(JAMA)上發表了極重要的論文《強大的安慰劑》（The Powerful Placebo）[4]，他通過隨機對照實驗的方法研究了15個不同試驗，將安慰劑作用量化，得出平均為35%的患者會因為安慰劑病情得到改善的結論，並進一步表示安慰劑能在治病中存在客觀效應。

論文發現顛覆了醫學界，後來安慰劑隨機對照測試更被視為臨床試驗的黃金標準，70年代起美國食品藥物管理局就要求，所有待批的藥物都必須經安慰劑隨機對照測試。不過，隨之而來的相關爭議越演越烈，特別是如何區分活性成分與安慰劑的作用，以及並非每個人都出現安慰劑效應的反應。

Kaptchuk 解釋，安慰劑效應不僅僅是人正面、積極地相信實際是安慰劑的治療或程序會起作用，而是關於大腦和身體之間建立更牢固關係，以及兩者如何協同工作。

他強調，安慰劑可能會令你自我感覺良好，但不會治癒你、不會

降低膽固醇或縮小腫瘤，因為安慰劑已被多次證明是對大腦調節造成的症狀起作用，比如對疼痛的感知、壓力相關失眠和癌症治療副作用等疾病最有效。

近年，更有研究指出安慰劑可能存在另一種非藥理學機制，當中涉及複雜的神經生物學反應，包括令內啡肽和多巴胺等令人感覺良好的神經遞質分泌增加、與情緒反應和自我意識相關的某些大腦區域活動提升，這些全都可以產生類似治療成功的益處。以 Kaptchuk 的說法，安慰劑效應可能是「大腦告訴身體需要什麼才能感覺更好」的一種方式 [5]。

不過，安慰劑並不全是為了釋放大腦未知的潛力，病人始終需要「治療」這種「儀式」，因為在多個實驗中均可看到整個環境和「儀式」因素都會對藥物或安慰劑的作用有影響。由 Kaptchuk 領導並發表於《科學轉化醫學》的研究[6]就曾測試人對偏頭痛止痛藥的反應來探索這一點。

研究中，其中一組志願者服用標有藥物名稱的偏頭痛藥物，另一組服用標有「安慰劑」的安慰劑，第三組則不服用任何藥物。研究人

員發現，在偏頭痛發作後，安慰劑減輕疼痛的效果是真正藥物的50%。

研究人員推測，安慰劑仍然有如此作用，是因為服用藥丸這個看似簡單，但有儀式感的行為──人會自行將服藥「儀式」與積極的治療效果串連起來，即使他們知道這不是藥物，但行為本身也會刺激大腦認為身體正在被治癒。

除了服用安慰劑之外，還有甚麼方法可以自我感覺良好不再疼痛？ Kaptchuk 就認為，健康生活模式，例如飲食均衡、做瑜伽等運動、有高質量的社交時間，甚至冥想，都可能提供了安慰劑效應的一些關鍵成分。雖然這些活動本身就是主動式措施令你更健康，但你越關關注這些細節就越可增強其好處。

所以安慰劑有無效這個問題，真的很難答你。

註：
1.Haygarth, J. (1800). Of the Imagination as a Cause and Cure of Disorders of the Body, Exemplified by Fictitious Tractor. Ann Med (Edinb). 1800; 5: 133-145.
2.Quen, J.M. (1963). Elisha Perkins, Physician, Nostrum-vendor, or Charlatan?. Bulletin of the History of Medicine Vol.37, No.2, p159-166.
3.Beecher, H.K. (1955). The Powerful Placebo. JAMA 1955;159 (17) :1602-1606. doi: 10.1001/jama.1955.02960340022006
4.Raicek, J.E., Stone, B.H. & Kaptchuk, T.J. (2012). Placebos in 19th century medicine: a quantitative analysis of the BMJ. BMK 2012 Dec 18;345:e8326. doe: 10.1136/bmj.e8326
5.Harvard Health Publishing. (13 December 2021). The power of the placebo effect. Retrieved from https://www.health.harvard.edu/mental-health/the-power-of-the-placebo-effect
6.Kam-Hansen, S., Jakubowski, M., Kelley, J.M. & et al. (2014). Altered Placebo and Drug Labeling Changes the Outcome of Episodic Migraine Attacks. Science Translational Medicine 8 Jan 2014 Vol6, Issue 218, p128ra5. doi: 10.1126/scitranslmed.3006175

莫扎特效應真定假?

　　雖然近幾年興 Baby Shark，但早一個十年很多媽媽都會因「莫扎特效應」而聽古典音樂作胎教，期望讓子女變得更聰明。有說音樂陶冶性情，那「莫扎特效應」是否真的有科學根據?

　　據 BBC 報道 [1]，「莫扎特效應」（Mozart Effect）一詞早在 1991 年出現，但相關的研究於兩年後的1993年在《自然》出現[2]，並引發媒體和公眾對聽古典音樂以某種方式改善大腦的興趣。無他的，莫扎特本人在音樂歷史上無疑是個天才神童，父母讓子女聽他的鬼斧神工巨作，以令子女大腦發達一點是天性使然吧！

　　到1998年，當時的美國佐治亞州州長 Zell Miller 甚至要求在州預算中撥出資金，以便每個該州新生嬰都獲州政府送一張古典音樂CD；現為愛丁堡大學心理學教授的 Sergio Della Sala 更在其 1999 年著作 Mind Myths 指，曾訪問意大利的一個 mozzarella 芝士農場時，老闆自豪地介紹自己出品時指，每天會給水牛演奏3次莫扎特的歌曲，以幫助牠們產出更好的牛奶。

　　不過，回顧當年刊於《自然》的研究，團隊並無使用「莫扎特效應」一詞，而且研究的設計也非針對兒童進行。該研究是為了瞭解

三組共36名學生在花10分鐘做不同事情後，於同樣的一系列與空間（spatial）相關智力測驗（例如經摺疊後剪紙再估計剪出之形狀）上的表現如何。在該10分鐘內，有學生聽的是教人放鬆的指令，有的只是安靜地坐著，而其餘學生則聽了10分鐘的莫札特鋼琴曲（Sonata for Two Pianos in D major, K. 448）。

結果最終顯示，聆聽莫札特音樂的那組學生，比聽放鬆指令或是甚麼都無做的學生成績都較好，而將之轉為智商（IQ）分數，就比其他組高出了8或9分。不過，團隊當時已表明，莫札特音樂的影響只能維持不多於15分鐘，不會帶來終生的智商提升。

無論如何，《自然》的研究已令更多學者開始對為何莫札特音樂能產生這種效果進行理論化。音樂的複雜性是否會導致大腦皮層放電模式，類似於解決空間難題的模式？

不過，此後的研究都顯示所謂「莫札特效應」或者「吹大咗」。例如1999年的一份審視報告[3]證實，聽音樂確實會暫時提高大腦處理空間的相關能力，但好處只屬短暫，並不會使我們永久變得更聰明。

2005年，有團隊對英國超過8,000名10-11歲英國兒童進行研究[4]，播放兩類音樂共10分鐘，第一組是聽莫扎特D大調弦樂五重奏，另一組則要聽3首順序的流行曲，分別是 Blur 的 "Country House"、Mark Morrison 的 "Return of the Mack" 以及 PJ 與 Duncan 的 "Stepping Stone"。最終團隊發現音樂的確提高了估計摺疊後剪紙形狀的能力，但效果最好的不是莫扎特音樂組，而是流行曲組，因此團隊將結果形容為「Blur 效應」。

即使有這些反駁的研究，美國仍有八成人相信音樂可以改善兒童的學業或智商，所以會讓孩子學樂器。2013年哈佛團隊再進行研究[5]，首先審視了文獻發現只有5份報告以隨機實驗顯示，音樂教育對兒童認知能力發展有因果關係；當中只有一個顯示出明確的積極影響，但影響仍非常小：在一年的音樂課後智商僅增加了平均2.7分，數字上並不具有統計意義。

該團隊為確認音樂訓練與知能力發展之間的關係，進行了兩輪分別為期6星期的培訓班測試，父母與學前子女會一起被分成上音樂課、視覺藝術課或甚麼課也不上。團隊解釋，研究目標是在課堂環境中鼓勵父母和孩子之間的音樂遊戲，讓父母可以在課後繼續在家中與孩子

可一起聽音樂做訓練。後來的評估也不只著眼於空間測驗，而是評估4個特定認知能力，即語言詞彙、計數、平面與立體的空間認知能力。

結果是兩輪實驗結果均無顯示音樂訓練對認知特別有益的證據：各組在詞彙和計數的表現相似，但接受音樂訓練的兒童在立體空間認知表現稍好，而接受視覺藝術訓練的兒童則在平面認知上表現更好。

團隊解釋，首輪實驗只有29人，規模非常小，所以在第二輪將人數擴大至45人，但兩輪實驗都指向音樂課帶來的認知好處，在統計顯著性是微不足道。

當年領導研究的哈佛大學教育研究生院博士生 Samuel Mehr 曾表示，雖然結果表明學習音樂可能不是獲得教育成功的捷徑，但音樂教育仍然具有重大價值。他以莎士比亞做例，老師教莎士比亞不是想學生在公開試中成績更好，而是覺得莎士比亞很重要。音樂是一種古老的人類藝術，早在6萬年前已滅絕人類近親尼安德特人已用熊骨製造笛子[6]，而每一種文化都有音樂，說明了音樂對人類的意義非凡且重要。即使對孩子的認知能力無特別幫助，學樂器聽音樂還是一件很好的興趣與消閒活動。

註：
1.Hammond, C. (8 Jan 2013) . Does listening to Mozart really boost your brainpower?. BBC.
   Retrieved from https://www.bbc.com/future/article/20130107-can-mozart-boost-brainpower
2.Rauscher, F.H., Shaw, G.L. & Ky, C.N. (1993) . Music and spatial task performance. Nature
   volume 365, page 611. doi: 10.1038/365611a0
3.Chabris, C. (1999) . Prelude or requiem for the 'Mozart effect'?. Nature 400, 826–827. doi:
   10.1038/23608
4.Schellenberg, E.G. & Hallam, S. (2005) . Music listening and cognitive abilities in 10- and 11-year-
   olds: the blur effect. Ann N Y Acad Sci. 2005 Dec;1060:202-9. doi: 10.1196/annals.1360.013
5.Mehr, S.A., Schachner, A., Katz, R.C. & Spelke, E.S. (2013) . Two Randomized Trials Provide No
   Consistent Evidence for Nonmusical Cognitive Benefits of Brief Preschool Music Enrichment.
   PLOS ONE 8 (12) : e82007. doi: 10.1371/journal.pone.0082007
6.Národní Muzea Slovenije. (n.d.) . Neanderthal flute. Retrieved from https://www.nms.si/en/
   collections/highlights/343-Neanderthal-flute

杞人憂天：巴納姆效應

早在公元前2,000年前人類就已經觀星，用看到的天體運動和其相對位置來對人事及災禍進行占卜。雖然當中的許多學說都已被現代科學推翻，並被證明說法毫無科學根據，但星座命盤、紫微斗數、八字等至今仍在很多圈子中非常流行，例如臨近歲晚就有不少「師傅」推出流年運程書，總有一本讓你可以更了解自己新一年運勢如何，亦可趨吉避凶。

問題是，為何人不抗拒甚至熱衷於各式各樣的占星術呢？除了可以「更了解」自己外，幫助人在困難時期應對壓力和不確定性也是原因之一。

根據內華達大學拉斯維加斯分校心理學家 Stephen D. Benning 的說法，占星術的吸引力在於它是一種可以理解原本看起來混亂和無法控制之事的方法，同時在動蕩的時期占星術可以為人帶來一些確定感，種種原因都可以促進個人對占星術的興趣。

過去已有研究指，壓力可源於人對未來結果的不確定性[1]，而不知道負面結果會否出現，也可能比知道同一結果肯定會發生時，令人更有壓力[2]。事實是，人類大腦在某程度天生就追求確定性與安穩，

這就是為何有些人傾向得到解釋生活中發生的大小事情的「原因」。根據1998年的一項研究，占星術可能無法給出明確的答案，但對模稜兩可或令人困惑的情況提供有意義的解釋，可以增加個人對事情的控制感，同時還可以提供對未來的「保證」，從而帶來極大的心靈安慰，減少他們的心理痛苦、緊張和擔憂，一言以蔽之：自我感覺良好。更重要的是，占星術本身不單可以直接產生舒緩心理的作用，更可以為信者找到其他志趣相投的朋友互相扶持，建立起自己的圈子並在困難時獲得所需的社交支援。〔這也會造成「回音室效應」（echo chamber），但不是本篇的重點。〕

　　各式占星術與心理測驗的另一吸引人之處，是聲稱可幫助「你」更清楚了解自己，用方法將你心底裡一些難以言諭的想法表達出來，這亦解釋到為何一些自卑、自我意識較低或需要別人認同的人，更有可能支持與相信占星術。過去的研究也顯示，由於自我歸因（self-attribution）和選擇性自我觀察等心理過，占星術極影響「自我」概念[3]，甚至增加對自己性格的確定性[4]，而對占星術的興趣也被發現與個人危機出現次數量正比關係，但與過去創傷事件數量無關，可見人對占星術的興趣源於想知道或確定自己的未來有莫大關係。正面點說，占星術有鼓勵信者自我反省，使個人能夠更清

楚了解自己和周遭環境，不再做隻任人魚肉的「港豬」。

　　然而，從占星術中獲得的自我意識也可能是巴納姆效應（Barnum effect）的結果。1947年，曾為美國心理學會董事會成員的心理學家 Ross Stagner 要求一些人事部經理進行性格測試。在他們完成測試後， Stagner 無根據他們的實際答案給予評語，而是向他們每個人提供了無關但概括性的評語，當中包括星座運勢。然後他再問每一個經理，這些評估有多準確，竟然有超過一半人同意評語準確，更幾乎無人認為評語是「錯誤」的。[5]

　　翌年另一著名美國心理學家 Bertram R. Forer，則在「經典實驗」中，對自己的39名學生進行測試，聲稱會測出其人格，並會在一周後提供個人評價位置不同，而學生則在看完評價後以0至5分評價老師的評價是否與自己性格相符，5分為最高分；事實是所有學生得到的分析都是一樣的：

　　//你祈求受到他人喜愛，卻對自己吹毛求疵。
　　雖然人格有些缺陷，但大體而言你都有辦法彌補。
　　你擁有可觀的未開發潛能尚未將你的長處發揮。

看似強硬、嚴格自律的外在掩蓋著不安與憂慮的內心。

許多時候，你嚴重質疑自己是否做了對的事情或正確的決定。

你喜歡一定程度的變動並在受限時感到不滿。

你為自己有獨立思想而自豪，並且不會接受沒有充分證據的言論。

不過，你認為對他人過度坦率是不明智的。

有些時候你外向、和藹可親、善於交際，有些時候你卻內向、謹慎而沉默。

你的一些抱負是不切實際的。

安全是您生活中的主要目標之一。//

最終，這段評語的準確度評平均為4.26，而公佈了此平均值後，Forer 才向學生坦誠地表示，評語只是從占卜、星座書蒐集拼貼出來，可見這些模稜兩可的陳述普遍籠統，以致能夠放諸四海皆準適用於很多人身上。而 Forer 這種影響歸因於易騙性（又或輕信，gullibility）。[6]

Forer 原本將現象命名為「個人驗證謬誤」(The fallacy of personal validation)，後來到1956年心理學家 Paul Meehl 於其論文 Wanted – A

Good Cookbook 中以狡詐行為著稱的馬戲團經紀人 P.T. Barnum 名字正式將現象命名為巴納姆效應[7]，表達對心理或人格測驗以籠統陳述假裝成功測出人性的特徵。

來個小總結，多年來心理學界的多個研究歸納出三個要點，解釋為何占星在歷史上的成功：

獨特性 — 接受測試或去占星的人相信結果是他們所「獨有」的。

權威性 — 「專家」、「師傅」告訴你要做點事擋災，預言成功你就會更相信。

正面性 — 人總會喜歡聽好說話，所以通常你都會見到占星、運程預測的都會用正面點的說法，例如「屬馬與屬虎本身關係友好，踏入虎年自然更有優勢」。

如果「專家」預測或占出的事情無發生呢？不打緊，因為人會有「確認偏誤」（confirmation bias）會讓你繼續相信。

確認偏誤是指，人傾向接受自己相信或能夠強化自己思想的訊息，並不傾向接受自己不相信或與自己固有理念及思想相違背的東

西，因為大腦在處理訊息時不一定都是理性的！舉個例子，一年這麼長，你真的會記得所有事情嗎？然後看到你自己的生肖虎年身體可能出現一些問題，即使整體健康，你仍會很在意身體大大小小的毛病──沒說中的自然不會特別想起來，也就會忘記，但一說中你就會將預測信到十足，我們的選擇性相信與蒐集資訊，會讓我們從腦中去找出過去可以驗證此預測的經驗。

占星、運程預測並非一文不值，反而似是生活上的心靈雞湯、溫馨提示，給予在焦慮或恐慌時一些安慰與療癒，能讓信者有個情緒的出口。

更重要是，天災人禍本來就是生活的一部分，任何人以至生物都無法避免，平常做好應對措施，盡量減少影響；也別忘了自己心靈強大其實可以療癒自己、照顧自己，不一定要等「專家」、「師傅」解救你。

只要大家擁有邏輯思考能力，碰到任何事情都可以冷靜下來，獨立思考出應對各種起伏的方法，不被天上星星運轉的表象所影響，一年這麼多次「水逆」邊有咁易打殘你啊？找方法讓自己生活，好過杞人憂天吧！

註：

1.Peters, A., McEwen, B.S. & Friston, K. (2017). Uncertainty and stress: Why it causes diseases and how it is mastered by the brain. Progress in Neurobiology Vol.156, Sept 2017, p. 164-188. Doi: 10.1016/j.pneurobio.2017.05.004

2.de Berker, A., Rutledge, R., Mathys, C. & et al (2016). Computations of uncertainty mediate acute stress responses in humans. Nat Commun 7, 10996. Doi: 10.1038/ncomms10996

3.van Rooij, J.J.F. (1994). Introversion-extraversion: astrology versus psychology. Personality and Individual Differences Volume 16, Issue 6, June 1994, Pages 985-988. doi: 10.1016/0191-8869 (94) 90243-7

4.Lillqvist, O. & Lindeman, M. (1998). Belief in Astrology as a Strategy For Self-Verification and Coping With Negative Life-Events. European Psychologist 1998 3:3, 202-208. doi: 10.1027/1016-9040.3.3.202

5.Stanger, R. (1958). The Gullibility of Personnel Managers. Personnel Psychology 11: 347-352. doi: 10.1111/j.1744-6570.1958.tb00022.x

6.Forer, B. R. (1949). The fallacy of personal validation: a classroom demonstration of gullibility. The Journal of Abnormal and Social Psychology, 44 (1), 118–123. doi: 10.1037/h0059240

7.Meehl, P. E. (1956). Wanted—a good cook-book. American Psychologist, 11 (6), 263–272. doi: 10.1037/h0044164

8.Milgram, S. (1963). Behavioral Study of obedience. The Journal of Abnormal and Social Psychology, 67 (4), 371–378. doi: 10.1037/h0040525

現代煉金術之
熟蛋返生兼孵出雞仔

　　「煉金術大國」你估講笑的嗎？2021年4月網上討論由幾位大國醫生與專家撰寫、刊於《寫真地理》的〈「熟雞蛋變成生雞蛋（雞蛋返生）─孵化雛雞的實驗報告〉相關的報告，簡直刷新我對「科學」的認知。

　　話說鄭州市春霖職業培訓學校（該校原來有開辦「原子能量波動速讀」、「超感知全能全腦」等課程）校長郭萍和河南省第二人民醫院醫院腫瘤科前主任醫師白衛雲聲稱，學生運用自己的「超心理意識能量方法」等，已經成功將40幾隻熟雞蛋返生，甚至正待雞蛋重新孵化出小雞。不過，該份所謂「報告」只有一頁，近一半的版面更只是「吹水地」講雞蛋的構造與營養成分，何來證實雞蛋返生呢？

　　就算所謂的證據，只為圖片4張，寫著「雞蛋由生變熟在返生圖示」。重點是第二張圖為剝開的熟雞蛋，但第三張已重新變回有殼合而為一的熟雞蛋，兩位學者可能是想證明自己已製造出時光機回到過去。

報告最終更以「歡迎討論問題如下」作結，完全無解釋過雞蛋返生機制與當中化學原理。

　　另一份同樣是兩位學者有撰寫、刊於 2021 年 3 月的《寫真地理》報告〈「熟雞蛋雞蛋返生孵化雛雞」實驗報告 (孵化階段) 〉更令我震驚。報告劈頭第一句就指，熟雞蛋返生已經實驗成功，而實驗由「特異學生」的「意念和能量傳播」使15隻熟雞蛋中有7隻還原，當中有一隻孵出小雞並正常生長。

　　團隊非常強調：「7個學生、6個家長和2名教授從開始到實驗成功每一步、每個環節都參與進來，共同見證實驗的真實性。所以實驗是真實的。」

　　好喇，問題來了：

1.「意念和能量傳播」、「超心理意識能量方法」到底是甚麼？我當是真有其事，作為一個有水平的學者也應解釋相關原理與理論，而

熟鸡蛋变成生鸡蛋(鸡蛋返生)—孵化雏鸡的实验报告

郭　平　　白卫云

（郑州市春霖职业培训学校　河南　郑州　450000）

摘　要：鸡蛋返生"，顾名思义，就由熟鸡蛋再变成生鸡蛋。这是一个难以想象的，甚至是不可能的，但是这种奇特的现象确实在郑州春霖职业培训学校发生了。一群特别培训的学生，在郭萍老师指导下，正在进行一个奇特实验，即熟鸡蛋重新变成生鸡蛋，并将返生后的生鸡蛋进行孵化成雏鸡。并且已经成功返生了 40 多枚。

关键词：生鸡蛋；熟鸡蛋；鸡蛋返生；孵化雏鸡；实验报告

【中图分类号】S831　　【文献标识码】A　　【文章编号】1674－3733(2020)22－0224－01

鸡蛋奇特返生的现象：根据鸡蛋的组织结构及功能，鸡蛋经过高温 100℃ 开水煮 20 分钟，变成熟鸡蛋后，学生们运用自己的超心理意识能量方法等，将这些熟鸡蛋变成生鸡蛋，现在我们将这种奇特现象分享给科学探秘爱好者，共同探究其内在理论依据。

实验材料：鸡蛋 10 枚，一次性纸质茶杯 10 个。

实验场地：郑州春霖学校 507 教室。

实验时间：2020 年 8 月 12 日 11 时。

室内温度：摄氏 25℃，保持室内安静。

参加人员：郑州春霖学校特训生 10 人。见表 1。

表 1　观察见证专家及学生家长

姓名	职务（职称）	单位
郭萍	校长	郑州市春霖职业培训学校
郭大权	教授	扬州职业大学书记
马建昆	院长	郑州大学设计教学五分院院长
李松根	主任	郑国家地震局郑州物探中心主任
白卫云	主任医师	河南医学高等专科学校附属医院
关东		山东威县人 遗研专业
肖素媛	家长	唐瑞超 唐海璐、唐南岚(三胞胎妈妈)
陈静雯	家长	孙宣含妈妈
赵美群	家长	孙雨欣妈妈
郭太安	教师	新郑郭店镇张丰完全小学校

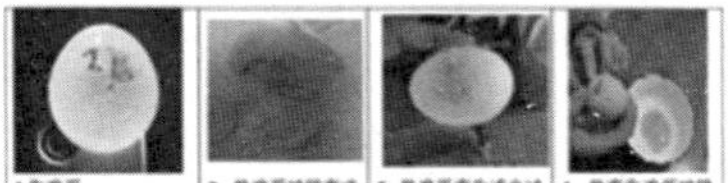

1.生鸡蛋　　2.熟鸡蛋破壳变成固态　　3.熟鸡蛋生返光试验验明显　　4.熟鸡蛋变生鸡蛋检验

图 1　鸡蛋由生变熟在返生图示

实验过程：(1)有新郑市龙湖镇后潮村村民，专程到郭太安养鸡场，取新鲜鸡蛋数枚。(2)将 10 枚鸡蛋分别给予编号，蛋放入凉水锅内，水量以完全淹没鸡蛋 3cm，点火，水煮蛋再 23 分钟，直到鸡蛋煮熟。采用灯光透光试验，鸡蛋不透光，并当场破壳一枚。检验蛋白、蛋黄均已变成固态，判定为熟鸡蛋。(3)春霖学校特训班学生 10 人，每人选用纸质茶杯 1 个，取煮熟鸡蛋一枚，放入茶杯中。学生开始利用超心理意识能量方法，开始鸡蛋返生，20 分后鸡蛋返生成功。由观察员再次进行透光试验，证实鸡蛋返生呈生液态，返生成功，见附图 1。目前，返生鸡蛋送回养鸡场进行孵化试验，等待结果…(如果孵化出雏鸡)。为了更好探讨鸡蛋返生悬念，我们重新复习一下有关鸡蛋的知识。

鸡蛋，也称鸡卵、鸡子、滚蛋，是母鸡产生的卵，有人体需要的多种营养物质，如蛋白质、氨基酸、脂肪、维生素及矿物质等，以及鸡蛋所含氨基酸十分接近，因此具有极高的营养价值[2]。祖国医学认为，鸡蛋味甘平、具有滋阴润燥、养心安神、养血安胎，延年益寿之功效。鸡蛋由蛋壳、蛋白、蛋黄组成。具体结构如图 2。

王娇娇等采用扫描电子显微镜获得蛋壳的超微结构图像，提示鸡蛋壳上具有乳突及孔道，是鸡蛋呼吸的主要门户[3]。

鸡蛋由外向内结构依次为①卵壳：最外层，质硬、有碳酸

钙等矿物质组成。对鸡蛋内容物起保护作用。②外层卵壳膜：是层无结构纤维膜。主要是保护鸡蛋内容物水分不丢失。③内层卵壳膜：是一种可透气膜，空气可以进出。④气室：位于鸡蛋的钝端内(在大头两层蛋壳膜之间)，两层卵壳膜之间常分开形成一个小气室，贮存空气。具有胚胎发育时供应其呼吸功能[4]。⑤系带：卵黄的两端由浓稠的蛋白质组成卵黄系带，其功能是维持卵细胞共定于蛋白中心位置，对卵细胞具有缓冲作用，可防止卵细胞的损伤，避免卵黄膜破裂。⑥卵黄膜：位于卵白与卵黄之间的一层薄膜，是卵细胞的组成部分。⑦卵黄：呈黄色，位于细胞的中央，是鸡卵胚胎发育的主要营养物质。⑧卵白：卵壳膜与卵黄膜之间，胚胎发育提供水和营养物质，卵黄表面中央有一圆盘状的小白点(就是在蛋黄上看到的小白点)称为胚盘。含有雌细胞核，未受精的卵黄，胚盘相对较小，已受精的卵，胚盘色泽略略大，这是因为胚胎发育已经开始[4]。如果是受精卵，胚盘在适宜的条件下就能孵化出雏鸡，胚盘进行胚胎发育的部位[5]。

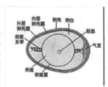

图 2．

我们知道，蛋白质加热后可以变性，那么，熟鸡蛋经过 100℃ 开水煮 23 分钟，整体上鸡蛋内容物均有液态变成固态，在鸡蛋膜、卵黄和胚盘处，不添加任何化学物质，没有加任何物理处理，如加温或者降温、电离辐射等。这是为什么？

鸡蛋煮熟的由蛋膜、卵黄和胚盘的部位，细胞是否变性，如果变性，即使返生为液态，也难以孵化成雏鸡。这是为什么？欢迎讨论问题如下：

(1)鸡蛋加热煮熟过程中，蛋白质是否变性？(2)胚盘是否失去活性？(3)卵细胞是否还有再生能力？(4)熟鸡蛋返生可能存在的生物学现象？(4)熟鸡蛋返生的物理化学原理？(5)其他？

参考文献

[1] 于智超,王宁,蔡桐霞,等．鸡蛋蛋黄高密度脂蛋白结构、组成、功能及应用研究进展[J].中国家禽,2016,38(4):38－43.

[2] 慈�,刘玲,刘静文,等．海兰国际技术团队，SPIDES 技术可以提高种蛋的孵化率和维鸡的质量[J].国外畜牧学(猪与禽),2019,39(09):58－61.

[3] 王娇娇,王巧华,马美湖等,鸡蛋蛋壳超微结构与呼吸强度的相关关系[J].食品科学,2018,39(17):14－17.

[4] 常青,鸡脂注射碳酸化合物及提高孵化温度对种蛋孵化率、维鸡器原讨论的影响[J].中国饲料,2019[16],5—15.

[5] 黄华,影响维鸡质量的因素及解决办法[J].现代畜牧科技.2019(08):46+48.

[6] 苦兰利,江海寅,赵银利,王金荣,贾蔵,蒋三龙,蛋内注射黄芪多糖增强高温孵化时维鸡法氏囊抗氧化性能[J].河南农业科学,2019,48(07):122－127.

[7] 刘利坤,刘玲,Inge van Roovert－Reijrink,Carla van der Pol,孵化条件对维鸡质量的影响[J].国外畜牧学(猪与禽),2019,39(01):30－31.

不是胡混過去就算。

2.到底如何將一隻無授精的雞蛋，經「超心理意識能量」變成授精蛋再孵出小雞？(難怪有 「念力屌死你班戇鳩仔」的 meme。)

3.再引申，到底要幾多「超心理意識能量」先可以返生一隻雞蛋？相同能量可否將其他鳥蛋，甚至整隻雞返生呢？

4.既然雞蛋返生如此顛覆現代科學，為何不將結果大肆宣揚，於國際期刊公佈？

　　結果多個媒體後續調查有以下發現：

1.《寫真地理》稱只接受與地理相關的文章，版面費為800元人民幣；稿件會交由專業人員審核，而郭萍等人的稿有經審核。[1]

2.揚州職業大學書記印大民、鄭州大學設計院五分院院長馬建臣等人在論文被列為見證專家。自媒體《上游新聞》記者到揚州職業大學追查，發現印大民已退休多年，退休時是副教授，從未擔任過書記

"熟鸡蛋鸡蛋返生孵化雏鸡"实验报告(孵化阶段)

郭　萍[1]　　郭太安[2]　　印大民[1]　　白卫云[1]

(1.郑州春霖学校实验室　河南　郑州　450000;
2.新郑市郭店镇"圄之原"家庭农场　河南　新郑　451100)

通讯作者:白卫云。

摘　要:熟鸡蛋返生已经实验成功。为了研究返生后的鸡蛋是否具有生命力,郑州春霖学校郭萍老师、郭店鸡场郭太安老师及其他爱好者,密切关注孵化进程。郭太安老师采用土法将鸡蛋孵化,跟踪观察实验过程,并完整记录孵化实况,最终成功孵化出新的雏鸡,提示熟鸡蛋返生后的鸡蛋同样具有生命力。

关键词:熟鸡蛋;生鸡蛋;鸡蛋返生;孵化雏鸡

【中国分类号】S831.3+2　　【文献标识码】C　　【DOI】10.12215/j.issn.1674-3733.2021.11.311

绪言:"鸡蛋返生实验"是郑州春霖实验室郭萍校长主持的专题研究课题,这是一项非常时代意义的实验,这项实验的成功必将为相关生命科学研究提供新的思路。在这个课题的研究活动中,郭太安老师负责"鸡蛋返生"之后的"孵化阶段"实验技术、观察和记录等工作。现就"鸡蛋返生"实验课题中"孵化阶段"所观察到一些数据、变化过程和结果报告如下:

1　实验的目标

选择正常、新鲜的受精鸡蛋,经过开水煮沸以后变成熟鸡蛋,再通过"特异学生"的"意念和能量传播"使熟鸡蛋还原成生鸡蛋,做到不伤害鸡蛋的生物活性,使它能正常孵化出小鸡,并能正常生长(简称:鸡蛋返生)[2]。

2　种蛋的选择

种蛋来源选择的是一到两年生的土鸡所下的蛋,这样的种蛋质量好、受精卵高。配种公鸡是一年的公鸡,可以保证精液质量具备受精功能。所选种蛋是在5日龄以内,由于实验正处于暑假,天气炎热,温度对于种蛋的影响还是比较大的。白天温度高的时候,种蛋会自行发育;晚上温度降低,鸡蛋又会停止发育。鸡蛋的"生理零度"也叫"临界温度",约为24摄氏度[2]。因此,种蛋在孵化前可能会有因为环境温度的高低产生发育和停止发育的现象,不排除有这种可能:同时胚胎发育对环境温度也有一定的适应能力,发时间(2小时以内)温度下降不会造成胚胎发育。因为胚胎的正常发育需要一个持续、平衡的温度才能正常孵化[2]。由于实验的种蛋不会是100%的可靠,会导致实验对实验造成一定的负面影响,主要是会降低实验的成功率。

3　实验种蛋的数量

最初准备用于实验的种蛋一共15枚。

4　孵化阶段

4.1　入孵

2020年8月12日晚上,由学生家长送来了郭萍老师做实验的8枚鸡蛋。其中7枚是煮熟后返生过的鸡蛋;1枚是做为对比用的没有返还过的鸡蛋。进行无影灯对鸡蛋进行第一次入孵前检查,发现有1枚返生鸡蛋存在问题,等于返生没有成功,还是煮熟的样子。鸡蛋大头气室空间很大,其它地方呈黑影状不太透明,另外的6枚返生鸡蛋各项指标合格,蛋清透明,蛋黄金黄色,颜色略重,和另外的一枚没有返生的鸡蛋没有差别。为了保证"孵化阶段"实验的严谨性,使用的是最原始的孵化方式——母鸡自然孵化。用这种方式应该是最有实验保证的。

4.2　孵化过程。第1天,鸡蛋看不出有太大的变化。第2天,蛋清加深。第3天,返生不成功的鸡蛋还是老样子;有1枚返生鸡蛋出现了小鸡的心脏和血管;还是标明"芙"的那枚鸡蛋;那枚鸡蛋也出现了小鸡的心脏和血管;其它的3枚鸡蛋没有出现小鸡的心脏和血管。第4天,观察结果和第3天差不多。第5天,返生不成功的鸡蛋还是老样子;有小鸡心脏和血管的那两枚鸡蛋发育正常,颜色加深,血管更丰富;其它几枚返生鸡蛋是没有出现小鸡的生命迹象,蛋清也出现了晃动,这说明这几枚返生鸡蛋已经失去实验价值。第7天,两枚鸡蛋发育正常,边缘整齐,只是那枚生鸡蛋的边缘也有晃动的感觉。第15天,两枚鸡蛋的边缘整齐,已经产生温热感觉。第20天,2020年9月1日18点20分,第一枚鸡蛋小鸡出壳,颜色稍微发黑。

18点25分,那枚标着"芙"字的返生鸡蛋的小鸡也破壳而出,身上是紫色的,还带着几缕黄毛。

5　生长阶段

从出生到两个月后,这两只小鸡非常健壮,采食和生长都很正常。返生过的和没有返生的小鸡没有区别,说明"返生—孵化实验"课题研究是成功的,见图1。

图1

6　对实验的评价

实验的真实性,这次实验各个环节都非常严格认真,7个学生,6个家长和2名教授从开始到实验成功每一步,每个环节都参与进来,共同见证实验的真实性,所以,实验是真实的。

数据分析:7枚返生鸡蛋,只有1枚是完全成功的,成功率只有14.3%,这说明这次实验成功的比率还不是很高,但至少是迈出了成功的第一步,后续实验还需要进一步提高和完善,但我们有了充足的信心,我们对"熟鸡蛋返生"这个实验课题充满期待,相信在不远的将来会做的更好。

鸡蛋,也称鸡卵、鸡子、滚蛋等,是母鸡产生的卵[4]。鸡蛋含有人体需要的多种营养物质,如蛋白质、蛋氨酸、维生素及矿物质,鸡卵的蛋白质所含氨基酸与人体组织氨基酸十分接近,因此具有极高的营养价值[5]。祖国医学认为,鸡蛋味甘平,有补肺养血、养阴安胎,扶正祛邪之功效。鸡蛋是有蛋壳、蛋白、及蛋黄组成。熟鸡蛋返生实验是一个现代科学尚未明了的现象,后续的熟鸡蛋一返生—再孵化出雏鸡,这个实验给人们更多启示,希望将此基因现象进行更深入理论探索,更多的应用于现代生物学和现代医学。

说明:《熟鸡蛋变成生鸡蛋(鸡蛋返生)—孵化雏鸡的实验报告》首篇已发表在《写真地理·教育科学》2020年第22期224页。

参考文献

[1] 郭平,白卫云.熟鸡蛋变成生鸡蛋(鸡蛋返生)—孵化雏鸡的实验报告[J]写真地理,2020,(22):224—224.

[2] 王娇,王巧华,马美湖等.鸡蛋蛋壳超微结构与呼吸强度的相关关系[J].食品科学,2018,39(17):14—17.

[3] 常青.鸡胚注射碳酸化合物及提高孵化温度对种蛋孵化率、雏鸡脐状态的影响[J].中国饲料,2019(16):16—19.

[4] 黄华.影响雏鸡质量的因素及解决办法[J].现代畜牧科技,2019(08):46+48.

[5] 王巧华,王宏,蔡朋度,等.鸡蛋蛋黄高密度脂蛋白结构、组成、来源及功能研究进展[J].中国家禽,2016,38(4):38—43.

146

一職。至於馬建臣指自己當時已退休兩年，承認受郭萍邀請觀察，但無看到熟雞蛋變成生雞蛋，也沒有看到生雞蛋孵化成小雞；論文上說他是見證專家「不妥當」，職務也被寫錯。白衛雲則在2020年已退休、醫院對「研究」感意外，有職員指白衛雲退休前是主任醫師職級很高，「很多醫生發表論文是為了評職稱」而已。

3. 新報告第二作者、新鄭郭店鎮張辛庄完全小學教師郭太安指出，返生蛋孵化用的雞場由他介紹，所謂全程跟蹤「熟雞蛋返生」過程，他自己並不負責亦無參與。不過，他強調認為返生孵出小雞是真實的。

4. 郭萍學歷成疑。她自稱不是物理學專家，只是心理學愛好者，所以是通過心理學的方式把孩子培訓成「最強大腦」。過去她的學生也曾將熟綠豆發芽，甚至變成花生 (?!!!)。她更曾在媒體鏡頭前痛哭，指自己幾十年人「長這麼大從來沒說過假話」[3]。

　　事件相信只是大國「科學界」的冰山一角，問題實在太多，例如為何有人會相信如此違反常理的說法，是否平均知識水平仍然偏低呢？另外，是否有錢使得鬼推磨，胡扯都可以登上所謂期刊呢，而所

謂專家的學歷是否真確呢？換個角度來看，這未必是大國獨有的問題，君不見還有性交轉運、水晶能量等等事例嗎？

其實，將熟蛋返生是有可能的，但需要加入水和尿素快速攪動；相關的研究早已在2015年獲搞笑諾貝爾化學獎，該南澳洲福林德斯大學團隊本身並非研究熟蛋返生，而是想展示渦流流體裝置（Vortex Fluidic Device, VFD）如何可以極快速度和精確角度旋轉少量液體[4]。

VFD 可將微小的碳納米管（CNT）切成均勻的長度，達到難以置信的特性──其強度是鋼的200倍，但柔韌性是其5倍，導電效率亦是銅線的5倍；這些材料可用於癌症治療中的高精準度標靶藥物輸送，同時也可以在不加熱的情況下製造替代的生物柴油，而非一味地搞笑毫無實際用途。中國科學院在回應事件時也有用此研究解釋，強調團隊只恢復了雞蛋中其中一種蛋白質85%的結構，整個研究中科學家並非做到把熟雞蛋完全變成生雞蛋，研究的意義在於重構蛋白質活性，所謂 " Uncooking an egg " 是概括性的比喻。[5]

刊登「熟蛋返生孵雞」論文的吉林省《寫真地理》最終於2021年4月27日被上級主管部門吉林省新聞出版局要求停刊整頓，主要負

責人被責令辭職，雜誌網頁已無法訪問。吉林省新聞出版局當時表示，正深入調查正在進行，將根據調查情況依法依規依紀進行後續處理。[6]

郭萍後來再主動聯絡新華社記者[7]，表示最初的論文是朋友代寫，覺得非常愧疚要向公眾道歉。她辯解，之前也發表過「一些東西」，所以經常性會有人打電話，問她要不要發表論文。《寫真地理》當時也找到她問要不要發表「熟雞蛋孵出小雞」研究，她本來不打算發表，但是對方表示收費不貴很便宜，她一想就只幾百塊錢，於是就發表了。（這不是與沒有說假話一辭有抵觸嗎？）

新華社直斥：「這樣荒誕的論文發了，這樣荒誕的課程開了，這樣荒誕的廣告登了，這樣荒誕的培訓賺了。這就不只是郭校長一個人的荒誕。如果更多的人靠販賣『荒誕』賺錢，那未來這樣的荒誕會被更多人當作常識嗎？這窩『荒誕』絕不能讓它孵熟了。」

註：

1. 成都商報. (27 April 2021) . 熟蛋返生孵小鸡？荒诞是如何孵化的. Retrieved from https://m. chinanews.com/wap/detail/chs/zw/9464881.shtml

2. 上游新聞. (26 April 2021) .“熟鸡蛋变生鸡蛋还能孵小鸡”论文作者：小鸡长大了 正在鸡场下蛋. Retrieved from https://news.sina.com.cn/s/2021-04-26/doc-ikmxzfmk9015695.shtml

3. 央視. (28 April 2021) .“熟蛋返生”论文作者痛哭：长这么大从没说过假话. Retrieved from https://news.cctv.com/2021/04/28/ARTI6pBsu9BhR2iRmmgSjZ16210428.shtml

4. Yuan,. T.Z., Ormonde, C.F.G., Kudlacek, S.T. & et al. (2015) . Shear stress-mediated refolding of proteins from aggregates and inclusion bodies. Chembiochem. 2015 Feb 9; 16 (3) : 393–396. doi: 10.1002/cbic.201402427

5. 澎湃新聞. (27 April 2021) . 国外科学家曾成功“将熟蛋变生”？中科院科普：只是概括性比喻. Retrieved from http://124.133.228.83/articleContent/2239_865243.html

6. 央視. (27 April 2021) . 刊发熟蛋返生孵小鸡论文的写真地理杂志停刊整顿. Retrieved from https://news.cctv.com/2021/04/27/ARTI9aY7mM48fdcHrQMILLRZ210427.shtml

7. 新華社. (28 April 2021) .“熟蛋返生孵小鸡”论文作者郭某：论文系代写 向公众道歉. Retrieved from http://www.xinhuanet.com/politics/2021-04-28/c_1127384204.htm

Chapter 4

健康產品迷思

空氣淨化機效用之謎

香港空氣污染嚴重，加上疫情嚴峻，很多人在戴口罩之餘，也使用隨身空氣淨化機，以負離子淨化身邊空氣。

要解釋隨身空氣淨化機又或正常的空氣淨化機有無用，首先要知道甚麼是 PM10 與 PM2.5。PM 是 particulate matter 的簡稱，亦即是懸浮粒子；後面的數字則是懸浮粒子的大小：10代表10微米大、2.5則為 2.5微米或以下。

1微米（ micrometer，μm ）等於0.001毫米，但單說這個比例大家應該毫無概念。不如以美國環保局的圖來解釋：一粒幼沙直徑約為90微米，一條人類頭髮則約為50–70微米，灰塵、花粉等則通常為PM10，即10微米大，所以要起碼五粒PM10才等於一條頭髮的直徑，PM2.5則通常來自汽車、工廠排出的金屬與有機物，至少4粒才等於一粒PM10的直徑。至於引致COVID-19的冠狀病毒SARS-CoV-2直徑則大約為0.1微米。[1]

看到這裡，聰明的你應該理解到吸走懸浮粒子，自然就可以解決空氣污染問題。

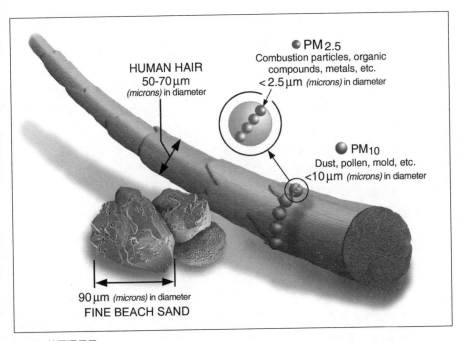

Credit: 美國環保局

現時主流都會用上HEPA（High-Efficiency Particulate Air）指標去辨識一個空氣淨化機的過濾能力，HEPA亦是目前為止擁有最多研究和證據支持有效減低感染或致敏風險的空氣過濾方法。各國對HEPA 有不同標準詮釋，例如歐盟標準是合資格的 HEPA 過濾網需要隔絕99.95% 0.3微米或以上粒子，而美國能源部則要求更嚴謹，要達 99.97%。

　　合符要求的 HEPA 過濾網，通常都以化學纖維或玻璃纖維製造，並以如阻隔、擴散作用等不同方法過濾空氣——當然過濾網要一段時間後清洗與更換，否則就無用了。我們亦要留意的是測試 HEPA 的有效性是在一個密閉空間進行，如街上的開放空間其實難以計算其過濾空氣有效程度。

　　不過，市面上許多隨身空氣淨化機，並無裝設這些濾網，而是號稱可以透過釋放負離子的方式去除懸浮粒子，達到潔淨空氣的效果。這個原理是預設空氣中的負離子會與懸浮粒子結合，較易沉積在皮膚、衣物或其他表面上，減少被人體吸入的機會，從而達到保護健康的作用。

　　在解釋何謂「負離子」前，先要簡單介紹「離子」（ion）。離子

是帶有電荷的原子、原子團或分子，是極小的微粒。離子可以分為正負兩種，各自帶正電或負電。

以水（H_2O）為例，由氫原子（H）與氧原子（O）組成，氫是一個帶正電質子（proton）的核被一個帶負電的電子（electron）所環繞，若因某些力量的介入使電子離開原處，氫原子因而變成正電離子(H^+)；而氧原子核中有8個帶正電的質子，周圍有8個電子圍繞，2個在內層，6個在外層，但外層本身可容納8個電子，即還有2個電子空位，因此氧很容易自他處奪取電子的原子態——即「氧化」(oxidation)——所以氧負離子很易與兩個氫正電離子結合成水分子。

不過，如果利用外來能量把水分解，就會使之變成一個帶正電的氫離子，及一個帶負電的氫氧離子（OH^-）。在自然環境中，氫氧離子是以附著於水（$H_2O + OH^- = H_3O_2^-$）的負離子方式存在，而水分子是自然環境中其中一種容易離子化的分子。

1905年諾貝爾物理獎得主德國物理學家 Philip Lenard 在1892年發現，當瀑布的水大量由山上一躍而下，擊打到底下周圍的岩石或水面時，會激起大量的霧狀水花，水分子間互相撞擊致使水分子分解，

就可能會產生大量負離子。這些負離子會吸納空氣中的塵埃、惡臭等細小的污染物，隨後附著在樹木、岩石或溶入潭水中，因此達到淨化空氣的作用，這種大自然的自淨作用又稱為「瀑布效應」。[2]

「瀑布效應」一般被認為會讓生物感到舒適愉快，日本則稱正離子是「疲勞離子」，而稱負離子為「舒適離子」、「元氣離子」或「空氣中的維他命」。問題是，人類發現空氣負離子百多年來，都未有可靠、一致的證據證明其對健康，甚至對抗菌有作用，而很大部分聲稱負離子能淨化空氣的研究，同樣是在室內空間進行，在戶外的效用值得懷疑[3]。更重要是這類淨化機是無法「淨化」空氣中由飛沫傳播的的細菌與病毒，所以不要以為買了這部機就可以不用注意衛生。

另外，負離子的釋放過程也會產生臭氧。雖然隨身空氣淨化機是「掌心雷」，產生的臭氧多極有限，但還是要提醒人類吸入過多臭氧，會刺激呼吸道和肺部健康。

還有幾個疑問，大家值得考慮：

1.淨化機淨化有效範圍應為心口前方180度的30厘米，而戶外空氣來

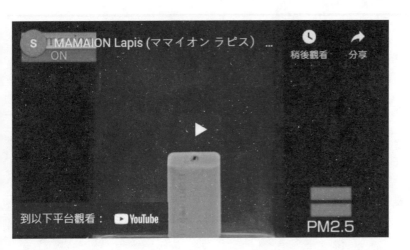

產品特點
● 全世界最小的空氣清新機
● 19g超輕量設計,方便隨身携帶
● 180度發放約100萬個負離子，有效阻止PM2.5, 花粉,細菌,病毒等有害物質侵入人體，過敏人士適用
● 可淨化30cm範圍內的空氣
● 適用於戶外，辦公桌或放在枕邊，無需更換濾網
● 內建MicroUSB充電電池
● 經過九種安全試驗合格（燃燒、濕淋、淹沒、短路、感電、高溫、落下、振動、靜電），可安心使用
● 日本製造

自四方八面，如何保證攜帶者所吸的絕大部分空氣已被淨化？（同樣道理，抗菌卡也有同樣問題。）

2. 就當負離子可淨化空氣，問題是多久才可製造到聲稱的1,200萬個負離子？

3. 如細心看，由製造孔的1,200萬個負離子，在20厘米位置已迅速減至100萬個，到底可多有效淨化空氣？

4. 是否每一個製造的負離子都可依附懸浮粒子淨化空氣？

5. 還要記住每個人的呼吸量不同，高矮肥瘦也有影響，怎樣知道吸入的是已淨化空氣？

　　其實2020年消委會已公佈了10款隨身負離子空氣淨化機測試結果，[4]發現所有除菌表現都未如理想，絕對不能取代口罩的抗菌作用。即使在細小密封空間做測試，所有樣本的除菌率亦只有約七至八成。

消委會又發現，這些「可以產生負離子」的空氣淨化機，聲稱令空氣中的污染物微粒與其他污染物微粒互相吸附，繼而沉降或依附到其他物件表面，以淨化空氣。不過，這些沉降或依附到周圍物件表面的污染物很容易隨空氣流動，重新在空氣中浮動，有可能造成二次污染。如市民觸摸沾有污染物的物件表面，再觸摸口、鼻或眼睛，亦會有受感染的風險。

　　換言之，這些無濾網、只釋出負離子的「淨化機」作用非常有限，室內最好還是使用具有 HEPA 濾網的空氣淨化機，始終有大量科學證據證明有效過濾空氣、減低呼吸道疾病病發嘛[5]。室外戴口罩就好了，不用大搞花臣。

參考:

1. Bar-On, Y.M., Flamholz, A., Phillips, R & Milo, R. (2020). SARS-CoV-2 (COVID-19) by the numbers. eLife. 2020; 9: e57309. Published online 2020 Apr 2. doi: 10.7554/eLife.57309

2. Glossary of Meterology. (n.d.). Lenard effect. AMS. Retrieved from https://glossary.ametsoc.org/wiki/Lenard_effect

3. Jiang, S., Ma, A. & Ramachandran, S. (2018). Negative Air Ions and Their Effects on Human Health and Air Quality Improvement. Int J Mol Sci. 2018 Oct; 19 (10) : 2966. doi: 10.3390/ijms19102966

4. 消委會. (September 2020). 隨身負離子空氣淨化機 實際效果成疑 或出現二次污染. 選擇月刊. Retrieved from https://www.consumer.org.hk/tc/article/527-wearable-air-purifier/527_air-testing-item

5. McDonald, E., Cook, D., Newman, T. & et al. (2019). Effect of Air Filtration Systems onAsthma: A Systematic Review of Randomized Trials. Chest Vol 122 (5) , pp1535-1542. doi: 10.1378/chest.122.5.1535

盆栽淨化室內空氣得咩？

好多朋友都會在辦公室或家中種盆栽，有的可能純粹打發時間，有人就會為了自我感覺良好，或者望住植物生產力會高一點；但可以肯定的是你種一兩個盆栽，絕對不會改善室內空氣質素，除非你全個空間都是樹，化身成如人類祖先般在樹間中活動與生活！

2019年刊於《自然》旗下的 "Journal of Exposure Science & Environmental Epidemiology" 報告審視過去30年的研究[1]，發現盆栽要成為生物空氣淨化器，以1,500呎室內空間為例，就要塞滿680個盆栽，即每10.7呎要有5棵植物。

在香港，誰人會有這個時間、空間與心機，打理這種數目的盆栽？如要改善室內空氣，還不如直接打開窗吧？不過開窗又吸街上汽車噴出的廢氣，真令人糾結。

參與研究的美國爵碩大學環境工程師 Michael Waring 指，室內種植改善空氣質素這個錯誤觀念出現了好一段時間；植物雖好，但它們實際上不能快速淨化室內空氣，吸收有害的三氯乙烯、甲醛、苯、二甲苯和氨等，無法影響家庭或辦公室環境的空氣質素。

如斯錯誤觀念原來源於1989年美國太空總署（NASA）的研究。[2]
NASA 團隊當年在一個少於一立方米的真空箱內放置一棵植物，希望
了解植物能否在國際太空站過濾致癌有機化學物質，最終在一日內該
棵植物已將約70%的有毒物質清除。要留意的是，一個不足一立方米
的箱與實際大廈室內環境不同，而後續研究亦推翻了 NASA 學者的說
法。

Waring 的團隊則認為，在一普通建築中，舊有室內空氣會不斷
被室外新鮮空氣替代，比模擬實驗快得多。為了確定說法，他們分析
了196個實驗結果，並將之轉換成同等的潔淨空氣輸出率（CADR）。
結果團隊發現，在幾乎所有研究中，植物從空氣中清除例如煮食產
生的油煙粒子、空氣清新劑的粒子等揮發性有機化合物（VOC）的速
度，慢到根本對改善空氣無關痛癢。

CADR 是一個空氣淨化器在清除特定室內三種污染物花粉、煙霧
和粉塵效率的國際標準。Waring 在新聞稿中批評[3]，很多此前的研究
都沒有從環境工程的角度來研究盆栽植物，這些學者也不了解建築物
空氣交換率如何與植物互動，影響室內空氣質素。

就算有些研究確實測量了真實室內環境，但團隊認為，該些研究使用的設備容易出現誤差，且使用了不切實際的商高濃度有毒污染物做分析。更重要是，完全無人控制或測量室外空氣交換率。

在報告中團隊如是說：「只有兩份研究不僅承認這些問題，而且明確駁斥了普通盆栽改善室內空氣質量的觀點。」

事實上，另一份2009年的審視報告的結論也與 Waring 團隊的一致相同。該報告曾指，通風情況是幾乎所有現實世界建築物中，要去除VOC的主要因素，但偏偏這類研究從無測量通風實況，因此這些研究不可能得出有意義的結果。

在該報告刊出十年後，Waring 與同事 Bryan Cummings 發現，在空氣流量極低且採最寬鬆 CADR 假設的建築物中，每平方米有一棵盆栽已可達到20%改善 CADR 的效率，但當空氣交換率稍有變化，該數字也會迅速下降。

當然，這不代表學界不應繼續在密室進行類似研究，因為了解植物如何過濾室內的VOC可能對研發「生物淨化器」有一定用處，但

重要的是學界和媒體不要再將這些推論，大肆吹噓到可應用於現實環境中。用植物填滿室內可能會讓你自我感覺良好，但絕不影響到空氣質素，尤其部分植物例如散尾葵（Dypsis lutescens）、白鶴芋屬（Spathiphyllum）等也會釋放 VOC、孢子和其他生物顆粒刺激呼吸道。

　　Waring 指出，這無疑是科學發現隨時間而產生誤導或誤解的一個例子。不過，這仍是個好例子，說明科學研究應該如何不斷重新審視和質疑舊有發現，以更了解我們周圍實際情況的真理。

註：

1. Cummings, B.E. & Waring, M.S. (2019) . Potted plants do not improve indoor air quality: a review and analysis of reported VOC removal efficiencies. J Expo Sci Environ Epidemiol (2019) . doi:10.1038/s41370-019-0175-9

2. Wolverton, B.C., Johnson, A. & Bounds, K. (1989) . Interior Landscape Plants for Indoor Air Pollution Abatement. NASA. Retrieved from https://ntrs.nasa.gov/api/citations/19930073077/downloads/19930073077.pdf

3. Study: Actually, Potted Plants Don't Improve Air Quality. Drexel Now. Retrieved from https://drexel.edu/now/archive/2019/November/potted-plants-do-not-improve-air-quality/

消毒噴霧好過傳統漂白水？

COVID-19 疫情之下，很多消毒產品湧現，務求大家身體健康不會中招，當中包括空氣消毒淨化噴霧。

很多消毒噴霧品牌都標榜自己「天然提煉」，甚至有本地大學認證，聲稱自己的產品比傳統漂白水等含氯的消毒劑好，因為對人體安全、不會刺激呼吸系統云云。

首先，含氯消毒劑的確會在高濃度下會刺激呼吸系統，所以一直被建議要稀釋並在空氣流通的環境使用，這些是基本常識，相信沒有太大爭議。至於不安全之說未有太多科學證據，相反過去的研究均顯示，氯即使大量用於泳池之中，也不會對身體有害，其消毒能力好處遠遠超過所謂壞處，是泳池中的尿液混和氯，才會影響人類健康：當氯氣結合尿液中的尿素（urea）和尿酸（uric acid）就會產生刺激性高的三氯胺（NCl3, Trichloramine），刺激肺部、心臟甚至神經系統[1]。更何況，用漂白水消毒家居物件會再過水，不安全的話，為何各國衛生部門都要建議用漂白水消毒呢？

查看部分消毒噴霧的資料[2]，發現會列出不同天然成分，例如留蘭香、苦蔘鹼與青蒿素。它們分別有這些功效：

1. 留蘭香是薄荷提煉出來的精油，被中醫認為有殺菌、消炎等功用。

2. 苦蔘鹼是天然的殺蟲劑，破壞昆蟲神經系統，亦有一定殺真菌功能，根據漁護署的說法[3]，苦蔘鹼不易令害蟲產生抗藥性。

3. 青蒿素大家會比較熟悉，是現今已知最有效的抗惡性瘧原蟲瘧疾藥，過去亦被用作治療其他寄生蟲引起的疾病，不過，世衛已明確指出[4]不要單獨使用青蒿素治療瘧疾，因為有研究指此做法會增加瘧原蟲的抗藥性。

　　除此之外，上述的品牌並無在網頁上提供其他相關成分可消滅病毒，只有檢測報告指可在實驗室設定下可殺99.99%沙士與流感病毒等病原體。不過留意的是，由於該品牌顯示的是產品成分，只對H3N2流感病毒有效，所以絕不可以在流感流行期間，將這類噴霧當作一個100%防護工具。而且，實驗室設定與現實環境有異。例如其中一個符合歐洲 EN1276 標準的認證，需要將測試品放於20℃環境下，以不同濃度的測試品，混和含細菌的液體（混和時間是可自行再設定），然後將混合液滴在培養基（agar plate）以36℃培養細菌24小時，再分析細菌的數量。

該品牌亦有很多認證[5]，部分為10多年前的認證，品牌有否更新配方我們不得而知。另一方面，科大的確指產品所用的液體是通過皮膚敏感測試，不過在某些測試者身上可能會出現輕微皮膚敏感（minor skin sensitivity），所以噴在口罩戴半天防疫值不值得，請自行思考了。再者，噴濕了口罩不會令更多細菌、病毒黏在口罩嗎？

　　另一樣想說的是，天然就一定更好嗎？現今廣告已扭曲人對選擇產品的觀念：經人工處理的一定有損健康，天然、純淨的一定較好。然而，這些成分經人類提煉、霧化，已不是原本的狀態，與「天然」有好一段距離。更何況，天然的東西不等於不影響身體，很多食物都有一定毒素，例如白果、四季豆等，不要以為天然就自動會是安全！

　　品牌更指自己獲2009年日內瓦國際創新發明大獎銀獎[5]，但翻查資料這個所謂獎項，來自瑞士日內瓦發明展，僅為日內瓦大型商貿展覽會，即是與灣仔會展的美食展、婚紗展相似。重點是，參加發明展的公司不需有專利，只要發明了一件東西即可參加，門檻多高自己想想。同時，該展也沒有設參展限制。任何人或公司報名繳入場費都可參加。

根據刊於台灣《商業周刊》的文章，2013年這個展除最大獎之外，總共有51種其他獎項，例如公眾投票獎、日內瓦城市獎、泰國國立研發獎、羅馬尼亞發明獎，單是台灣人參展的84件作品，就得到42金、34銀、5銅以及6個特別獎，有些展品更可同時得到不同獎項，比某大台音樂頒獎典禮更有「太公分豬肉」之嫌。所以，這種獎有甚麼好值得公告天下呢？

此前，已有研究指含抗菌成分的洗手液，不單有機會造成更多抗藥性細菌，某些成分本身可能就對人體有害，我們沒必要聞菌或病毒色變。事實上，人是無法在一個無菌狀態下生存——你的腸胃、皮膚有數以十億計的細菌與你有共生關係，我們不可將之完全消滅；已有學者指[7]，如果世上所有微生物消失，很多人類依靠的微量元素也無法被製造，動植物將會死亡，最終人類也會被滅絕。

雖然，產品所指的是致病細菌與病毒，但回到一個基本問題，為何有些人接觸到病原體會病，有些不會呢？這與個人免疫力有關，非與有否用這些抗菌產品有關，所以無論有多少認證，產品也不會改善你「經常會病」的本質，又或簡單點說，你只是斬腳趾避沙蟲，難道你要外出時戴住枝噴霧周街噴才安全嗎？

另一款同類產品品牌AQ更在2020年被港台節目《鏗鏘集》踢爆，只得18.72%有效細菌、病毒殺滅率，同聲稱的99.9%有效差八成有多。

該品牌老闆聲稱產品加入數種與人體體液非常接近的元素，但身體不同部分、體液 pH 值都不同，而且「接近」係一個好虛幻的字眼，舉例尿 pH 5.0算不算接近 pH 6.0，不要忘記尿長期太酸可能是糖尿病酮酸中毒 。

另外，元素（element）是講化學元素嗎？自然找到的基本元素有98種，包括金屬和非金屬物質，例如金、銀、氫、碳等等；鉛也是「天然」元素，但對人神經系統有毒，又說成分天然、又話無毒、但又有元素，最終我都只想知個成分，結果節目製作團隊於專業實驗室測試，發現品牌的消毒成分主要為氯己定，這種成分主要在漱口水出現，而且品牌產品的氯己定濃度比漱口水更低，那為何我不用漱口水消毒？!

我並不完全反對大家使用類似產品，但這種誇張的宣傳，無助化解香港人對病原體的誤解，反之令人更成驚弓之鳥事事擔憂，每天活

在恐懼之中，又可會健康呢？最終也只是助商家賺更多錢。

* * *

這些消毒產品無用尤自可，但亦可能有危害生命的潛在風險。2011年南韓媒體曾揭發「加濕器殺菌劑殺人事件」，據報事件由1994-2011年間發生，同期估計造成了1.4萬人死亡，比政府公佈的多10倍。[8]當年的殺菌劑成分有聚六亞甲基胍鹽酸鹽（Polyhexamethyleneguanidine hydrochloride, PHMG），這種成分是相對新的化合物，人類無太深入的了解，暫時已知 PHMG 是破壞細胞膜從而殺死細菌與真菌，達到消毒作用。

不過，由於使用加濕器將 PHMG 打成霧會被用者吸入肺內，破壞肺泡引致閉塞性細支氣管炎（obliterative bronchiolitis），「加濕器殺菌劑殺人事件」中亦有案例顯示加重皮膚、大腦、心血管疾病症狀。當然，現在的生產商很小心，不會亂使用 PHMG。

香港亦曾有人出售加濕器殺菌劑，聲稱有效潔淨室內空間，減少病菌、病毒傳播，又會強調產品可抑制病毒、細菌，有的甚至說有除

臭和抑制花粉引起的鼻敏感。這麼厲害的產品，成分到底是甚麼？

答案是次氯酸（hypochlorous acid）或次氯酸鈉（sodium hypochlorite）。用外行人說法這些都是漂‧白‧水。漂白水大家明白可以消毒，這是因為其氧化與水解作用，而通常家用的漂白水，以重量計均含3–8%次氯酸鈉或5%次氯酸。

至於那些加濕器殺菌劑的次氯酸或次氯酸鈉，因為要令產品無太多的刺激性，估計會比正常的漂白水低，低多少則要視乎各品牌產品，但這由於不受當局的藥物規例所限，所以通常推銷那位姐姐都講不到你知，「自己試下咪知有幾好用囉」！

重點來了，點解次氯酸會有刺激性，因為當與水產生化學作用後會出氯氣（極度簡化的說法），而氯氣本身具有強烈刺激性、窒息氣味，可以刺激身體呼吸道黏膜，輕則引起胸部灼熱、疼痛和咳嗽，嚴重者可導致死亡，也是一戰、二戰中有使用的化學武器。

好吧，退一步來說既然無太多刺激性，應不影響健康吧？不過，已有多個研究顯示[9] [10] [11] [12]，就算是長期吸入低劑量的次氯酸鈉，都

可能會引發哮喘、喉嚨痛、增加呼吸道黏液分泌與發炎，眼睛直接接觸霧化次氯酸也會被刺激造成眼紅或淚水分泌。

有人會問這與用1:99漂白水洗地時嗅到的氯氣有甚麼分別。重點是，使用加濕器殺菌劑會更長期地吸入低劑量次氯酸，結果更易造成以上症狀。前者你較能控制份量，後者卻因為濃度低到無味，而不自己吸入更多次氯酸。想健康卻變成用錢砸自己的腳，不是很可笑嗎？

疫情持續下，有更多奇怪消毒產品出現，這些產品往往都是那幾種常用消毒成分，哪有天然不天然的說法？天然就不會需要高科技喇，對不對？想保障全家健康，還是乖乖勤力清潔家居物品與雙手，戴返好個口罩，不要這麼多聚餐了。

註：

1.Schmalz, C., Frimmel, F.H. & Zwiener, C. (2011) . Trichloramine in swimming pools - formation and mass transfer. Water Res 45 (8) , pp 2681-90. doi: 10.1016/j.watres.2011.02.024

2.BioEm空氣消毒淨化液. Retrieved from https://bioem.com/products/100ml

3.漁護署. (n.d.) . 苦參鹼. Retrieved from https://www.afcd.gov.hk/tc_chi/agriculture/agr_useful/agr_useful_com/agr_useful_com_mat/agr_useful_com_mat.html

4.WHO. (22 November 2021) . Malaria: Artemisinin resistance. Retrieved from https://www.who.int/news-room/questions-and-answers/item/artemisinin-resistance

5.權威認證. Retrieved from https://bioem.com/pages/%E6%AC%8A%E5%A8%81%E8%AA%8D%E8%AD%89

6.王明聖. (18 April 2013) . 別被騙了！日內瓦發明展拿金牌沒什麼了不起. 商業周刊. Retrieved from https://www.businessweekly.com.tw/focus/blog/3447

7.Gilbert, J.A. & Neufeld, J.D. (2014) . Life in a World without Microbes. PloS Biology. Doi: journal.pbio.1002020

8.Topick! (30 July 2020) . 【最新調查】韓國加濕器殺菌劑致67萬人健康受損 料1.4萬人死於吸入霧化消毒劑. Retrieved from https://bit.ly/3JWy3UW

9.De Genaro, I.S., De Silva, S.C., Nanni, G.D. & et al. (2020) . Low dose of sodium hypochlorite impair lung function, inflammation and oxidative stress of naïve mice. European Respiratory Journal Sep 2019, 54 (suppl 63) PA4073. DOI: 10.1183/13993003.congress-2019.PA4073

10.CDC Agency for Toxic Substances & Disease Registry. (21 October 2014) . Medical Management Guidelines for Calcium Hypochlorite. Retrieved from https://bit.ly/3gmzv40

11.Hoyle, G.W. & Svendsen, E.R. (2016) . Persistent effects of chlorine inhalation on respiratory health. Ann N Y Acad Sci. 2016 Aug; 1378 (1) : 33– 40. doi: 10.1111/nyas.13139

12.Kim, S.H., Park, D.E., Lee, H.S. & et al. (2020) . Chronic Low Dose Chlorine Exposure Aggravates Allergic Inflammation and Airway Hyperresponsiveness and Activates Inflammasome Pathway. PLOS ONE 9 (9) : e106861. doi: 10.1371/journal.pone.0106861

用減醣電飯煲減肥的
反智邏輯

　　香港人越來越重視低醣低鈉的健康飲食，而市面上的保健產品與器具因此越來越普遍，真的是五光十色乜都有，其中一種是聲稱蒸煮出來的米飯較傳統電飯煲煮出來低醣的「減醣電飯煲」，標榜用了之後可有助用家控制血糖及體重。

　　減醣電飯煲的原理是隔水蒸煮米飯，令米在煮的過程中部分的醣份留在水裡而不似傳統飯煲一樣被重新吸收。這個做法減醣有根有據：聯合國糧農組織[1]引用數據對比有洗米與無洗米的飯，發現不單只是醣份，鈣、維他命B1、B2與B3等的不同營養都有流失。

　　要明白市場上有各式各樣的商品，其實個煲是無辜的，最大問題是有人以為用這個煲來減肥真的有效——假如你相信一個能焗蛋糕的電飯煲，焗出來的效果與焗爐一樣的話，那唯有說你非常天真無邪。另外，我們為何要選擇吃一碗營養較低的飯，而不直接減少飯量？這是種另類浪費，尤其全球有超過8.2億人捱餓[2]，而每年浪費了約10億公噸糧食，佔製造量的三分之一，你於心可忍呢？肥胖及不良的飲

食習慣才是患糖尿病其中兩大風險因素，因此均衡飲食配合恒常運動才是最佳預防糖尿病的方法。如果你用這個減醣飯煲煮飯，卻不願意放棄中午那杯凍檸茶、下午茶的西多士、晚上飯後雪糕，再多的恩物神器都幫不到你減肥或控制糖尿病病情！

更重要是，香港消委會在2021年6月公佈市面上11款減醣電飯煲的測試報告[3]，發現表現非常參差，部分樣本於「減醣模式」蒸煮出來的米飯，其碳水化合物含量與「正常模式」蒸煮的沒有明顯分別。

消委會指，由於米飯的能量來源主要是碳水化合物，因此研究比較減醣飯與正常米飯間碳水化合物的含量差異，而測試結果顯示，以每100克米飯計算，全部11款樣本煮出的減醣飯，量得的平均碳水化合物含量為31.3克，相反傳統電飯煲煮出的米飯含32.7克碳水化合物；當中6款減醣電飯煲煮出的減醣飯碳水化合物含量，甚至比傳統電飯煲煮出的米飯高0.6—16.5%。

至於9款減醣電飯煲以正常模式煮出的米飯，平均碳水化合物含量為36.6克，較傳統電飯煲煮出的米飯高約12%，最誇張一款比傳統電飯煲煮出的米飯更高約31%。當時衛生署亦已表明，不建議糖尿病

患者依賴減醣電飯煲來控制病情。

其實不用減醣電飯煲，也可減少醣份攝取，當然不是叫你吃少點這麼簡單──米飯是亞洲人的主糧，對一些「飯桶」而言吃少點慘過死啊！不過，這部分在本篇稍後再談。

想說相比其他大部分食物，米有更多的砷（Arsenic），其無機砷含量亦是其他穀物的約10倍。人體攝入無機砷後，正常會經代謝在數天內排出體外，但大量攝入可引起腸胃不適，影響心血管和神經系統功能，嚴重者更可致命。假如長期攝入無機砷，亦可誘發多類癌症、皮膚病、心血管系統疾病、神經系統中毒和糖尿病。至於有機砷則會與碳結合，可形成如糖份子等無毒的成分，所以不要以為見到「砷」字就代表有毒。米有無機砷與種植方法有關：稻米需要在水田中生長，較易吸收到來自泥土中的天然砷成分。另一方面，地下水受污染並將之用在稻米上，同樣會令稻米砷量增加。

砷造成的健康問題

早在數千年前人類已知砷的毒性，但到近代才開始了解到透過食

飯攝取砷造成的健康問題。現時部分國家有制定從米飯攝取無機砷量的限制，例如2020年美國終於落實將嬰孩米飯類殼物產品的無機砷含量限於每公斤100微克以下，減少攝取無機砷對嬰兒的潛在神經發育影響[4]，但香港以及其他大部分亞洲國家與地區均無相關限制。香港食安中心2012年曾發表《香港首個總膳食研究：無機砷》報告[5]，指香港人的無機砷攝取量有45.2%來自白飯，與其他以米為主糧國家相似；而香港成人每日攝取的無機砷為0.22微克/每公斤體重，低於日本與中國大陸，但明顯高於美法英這三個西方國家。慶幸的是暫時仍未見過香港有人因吃太多飯而砷中毒（要急性中毒，砷攝取量為每日1微克/每公斤體重），而且我們是有方法將米的砷含量減少，例如洗米或用不同烹飪方式。當然，部分方法也會令米中的營養流失，如何在兩者之間取平衡將是很多家庭的難題。

　　2021年正式刊於《Science of the Total Environment》的英國研究[6]，則專注研究了不同飯的烹製方法，以了解哪種方法提供了減少無機砷、保持營養的最佳方法。團隊分析了四個都通過吸收法（absorption method）煮米的方法：使用未水洗的米、已洗的米、經預浸的米或蒸穀米（parboiled rice）。結果顯示，煮蒸穀米最能減少米中大部分無機砷，同時保留其養分。蒸穀米在印度南部尤為流行，

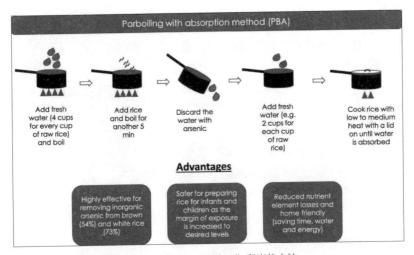

Caption: 四個都通過吸收法（absorption method）煮米的方法
Credit: Menon, M. & et al. (2021) .)

是先經過浸泡、蒸再風乾的米，所以這類米又稱快熟米。

當然，不是每個家庭都會買到或用上蒸穀米，團隊就指可先煲滾水（米與水比例為1:4），再加入米煮5分鐘；然後倒掉水，此做法已去除大量的無機砷，最後再加入新的水（米與水比例為1:2），用中低火煮飯至水分全收乾。

據團隊的說法，此烹煮米飯方法可去除糙米與白米中分別約54%及73%的無機砷，但同時保留大部分磷、鉀、鎂、鋅和錳。領導研究的英國錫菲大學環境科學講師 Manoj Menon 在大學聲明中指，強烈建議用此方法為嬰兒與兒童準備米飯，因為他們較易受砷中毒威脅。

　　另一方面，團隊也指吸收法比其他除去米中無機砷的烹煮方法使用更少的水、能源與時間。不過，團隊承認研究有其限制，應在不同環境、不同的米，甚至以不同的米進行研究。

　　香港食安中心報告亦有提到：

　　//煮飯前先洗米，然後加入大量水 (米與水的比例為1:6) ，飯熟後倒去多餘的水，可有效清除部分品種的米所含的總砷和無機砷。以這種煮飯的方法，洗米時總砷和無機砷含量均可減少10%；米煮成飯後，總砷和無機砷含量會分別減少35%和45%，被除掉的砷是跟隨洗米水洗走和在隨飯熟後棄去的水中去除。//

　　然而，最大問題是很多人煮飯都用電飯煲，到底有幾多人會願意

使用吸收法，又或如食安中心所講「飯熟後倒去多餘的水」呢？我大概想像到 Youtuber Uncle Roger 如何惡搞這些研究與報告了……。

註：

1. FAO. (n.d.) . Home preparation and cooking. Retrieved from https://www.fao.org/3/t0567e/ T0567E0i.htm

2. UN News. (15 July 2019) .Over 820 million people suffering from hunger; new UN report reveals stubborn realities of 'immense' global challenge. Retrieved from https://news.un.org/en/ story/2019/07/1042411

3. 選擇. (June 2021) . 減醣電飯煲真的能減醣嗎？. Retrieved from https://www.consumer.org.hk/ tc/article/536-de-sugar-rice-cookers/536-cooker-intro

4. FDA. (August 2020) . Supporting Document for Action Level for Inorganic Arsenic in Rice Cereals for Infants. Retrieved from https://www.fda.gov/media/97121/download

5. 食物安全中心. (February 2012) . 香港首個總膳食研究：無機砷. Retrieved from https://www.cfs. gov.hk/tc_chi/programme/programme_firm/files/Report_on_the_first_HKTDS_Inorganic_ Arsenic_c.pdf

6. Menon, M., Dong, W.R., Chen, X.M. & et al. (2020) . Improved rice cooking approach to maximise arsenic removal while preserving nutrient elements. Science of the Total Environment available online 29 October 2020, 143341. doi: 10.1016/j.scitotenv.2020.143341

7. Institute for Sustainable Food. (29 October 2020) . New way of cooking rice removes arsenic and retains mineral nutrients, study shows. The University of Sheffield. Retrieved from https:// www.sheffield.ac.uk/sustainable-food/news/new-way-cooking-rice-removes-arsenic-and- retains-mineral-nutrients-study-shows

瞓一瞓玉石床墊舒筋活絡？

都市人生活緊張，食無定時更無覺好瞓，因此床具生意大有作為，太空棉、人體工學設計已是基本，更有香港品牌用上玉石做床墊，聲稱玉石受熱後釋放多種元素，形成天然磁場，產生遠紅外線（far infrared）使人體循環得到充分改善，加快排出廢物，達到熱療效應，同時可幫助舒緩身體疲勞。

這些「有療效」的玉石床墊自然價值不菲，由16,000港元起跳，總之要健康就要先大出血。不過，真的是瞓一瞓就舒筋活絡嗎？

見到這種玉石床墊。我第一時間只想起漢朝的殮服玉衣——這是公元前約200年至公元後200年皇帝與皇妃所用的喪葬殮服。玉衣主要由相似顏色的玉片組成，並以死者階級分等級以金絲、銀絲或銅線串起玉片編成；其中以金絲鈎成的玉衣又稱金縷玉衣或金縷衣。玉衣的出現除了因為玉一直被視為高貴禮器和身份象徵，更重要是漢朝的人十分迷信玉能夠保持屍骨不朽。

現時極少人相信穿戴（或吃）玉石可達致長生不滅，但仍有人相信玉石有奇效能醫特別是長期痛症的疾病。

中國的玉石養生歷史悠久，《本草綱目》有記載玉石可「除中熱、解煩懣、潤心肺、助聲喉、滋毛髮、養五臟、安魂魄、疏血脈、明耳目」，現代研究也證實玉石內含有多種微量元素鋅、鎂、銅、硒、鉻、錳、鈷等，所以民間有常穿戴玉石保健的說法。

事實上，中國多地也有大量不同玉石床墊品牌，同樣指有上述功效，更宣稱調節內分泌、對腦血管疾病、動脈硬化等許多疾病有特殊療效；這些品牌也多有體驗店開在小區附近，讓長者試睡玉石床墊感受一下。

早在2012年，中國《科技日報》已進行玉石床墊的調查報道[1]，發現多個品牌的宣稱都大同小異，甚至有品牌員工稱床墊是「國家二類醫療器械」。不過後來記者取得的「證書」只證明床墊廠符合 ISO9001 標準，與玉石床墊有醫療作用是兩碼子的事。

根據中國《醫療器械註冊管理辦法》當時規定，申請醫療器械註冊的企業，應該取得《醫療器械生產企業許可證》，其產品範圍包含申請註冊的產品，而記者調查的玉石床墊的廠家根本就無取得相關生產企業許可證。報道更被中央政府官方網站轉載，可見中央政府相當

關注玉石床墊。

玉石床墊的效用誇大宣傳並未止於2012，到2019年5月重慶市藥品科技周活動中有人向中老年人兜售玉石床墊，重慶市藥監局特別公開表明，權威部門及法定機構從未認定過玉石具有治療效果，商家宣稱的玉石保健效果，大多是「民間流傳」。

當時《人民日報》的報道記錄了一個68歲的案例[2]，該男子患有風濕和腰椎間盤突出，2018年冬天花費8,000多元人民幣買了一款帶有電熱功能的玉石床墊。據他的說法，剛開始使用時，「人感覺輕鬆了不少」，但此後越來越沒效果；天氣熱了沒開電熱功能，睡在上面「跟睡在石頭上沒區別」，但又捨不得將之收起，怕萬一還有點效果。

為何這位人兄剛使用玉石床墊時，覺得自己病情有所改善？重慶市藥監局旗下的醫療器械質量檢驗中心工作人員當時指出，通過按摩或熱敷可以緩解或改善某個部位的疼痛，而玉石床墊正是利用這個原理，但並不能表示這就是治療功效；沒開電熱功能，自然就無效果。

電熱功能正正是與遠紅外線有關。遠紅外線一般是指光譜上位於15－1,000微米區域的光波，屬於紅外線的波長範圍，並位於可見光光譜紅色光的外側，但屬於不可見光，而生物可以「熱」的型式，感受其存在，所以遠紅外線技術常用於熱感攝影或夜視鏡！然而值得留意的是，除非環境和體溫有溫差，否則熱感攝影或夜視鏡無法檢測到任何生物。

還記得之前講「輻射」的幾個章節嗎？如以該些販賣恐懼的商人邏輯，遠紅外線也屬於「有害輻射」的一種，為何突然又變成保健恩物呢？

另外，的確有很多研究指出，遠紅外線有舒緩痛症的效果，但西方研究往往是以「桑拿」的形式所做[3]。換言之，「遠紅外線療法」可以在其他媒介上出配，不必使用玉石。

中國地質大學珠寶學院副教授包德清在2012年接受訪問時曾指，現代人幾乎把所有漂亮的石頭都當成玉，而玉石床墊所用的主要是較廉價的遼寧岫玉和漢白玉，前者只是廣義上的玉，後者則為「結晶細膩點的大理石」，與石頭無分別，「何談保健作用」。他更認為，玉石的保健效果更多是心理作用，信則有，不信則無。

即使玉石中含有豐富的微量元素，要吸收到體內才可能發揮作用，而未有研究證明玉石的微量元素通過皮膚被吸收。不要忘記，玉石與其他礦石一樣，可以帶微量放射性元素例如鈾與釷等。含量當然是極少，但每晚也睡八、九個小時於這些石頭上，我真的不知會發生甚麼事了。

記住買甚麼都要看商家宣傳，究竟有無出處、有無科學根據，不應隨便就買。苦了荷包又改善不了健康，為乜？

註：

1.科技日報. (8 June 2012). 科學生活：玉石床墊是否真具有保健作用？. 中央政府門戶網站. Retrieved from http://big5.www.gov.cn/gate/big5/www.gov.cn/fwxx/kp/2012-06/08/content_2156234.htm

2.人民網. (22 May 2019). 玉石床垫能治病？药监局：权威部门法定机构从未认定过. Retrieved from http://health.people.com.cn/n1/2019/0522/c14739-31097837.html

3.Peng, T.C., Chang, S.P., Chi, L.M. & et al. (2020). The effectiveness of far-infrared irradiation on foot skin surface temperature and heart rate variability in healthy adults over 50 years of age. Medicine December 11, 2020 - Volume 99 - Issue 50 - p e23366. doi: 10.1097/MD.0000000000023366

後記

　　由十年前起開始寫文章以來，都已經出到第三本著作，比起很多
作家已很幸運，也超出了我自己的預期，在這裡必須要很多謝各路弟
兄姊妹對小弟的錯愛。

　　的確，寫作在香港真的不會令你賺個盆滿砵滿，甚至算不上是一
個備受尊重的職業，而科普更算是小眾中的小眾，因為很多人生活得
過且過，又覺得科學距離感太遠難以理解，更加令科普書不好賣。

　　這次希望從更有趣、更廣為人知的偽科學題目入手，吸引更多不
同讀者，讓他們知道科學並非難以想像，而是與生活息息相關。在這
動盪不安的時代，多看書是很重要的，除了吸收更多知識，更重要是
對所見所聞要有戒心隨時提出疑問，否則後果可以很嚴重。

　　小肥波希望各位都喜歡這本書。

FACT CHECK
偽科學謬論

作者　　：小肥波
出版人　：Nathan Wong
編輯　　：尼頓
設計　　：叉燒飯

出版　　：筆求人工作室有限公司 Seeker Publication Ltd.
地址　　：觀塘偉業街189號金寶工業大廈2樓A15室
電郵　　：penseekerhk@gmail.com
網址　　：www.seekerpublication.com

發行　　：泛華發行代理有限公司
地址　　：香港新界將軍澳工業邨駿昌街七號星島新聞集團大廈
查詢　　：gccd@singtaonewscorp.com

國際書號：978-988-75975-4-4
出版日期：2022年4月
定價　　：港幣108元

筆求人
Seeker Publication

PUBLISHED IN HONG KONG